JN336128

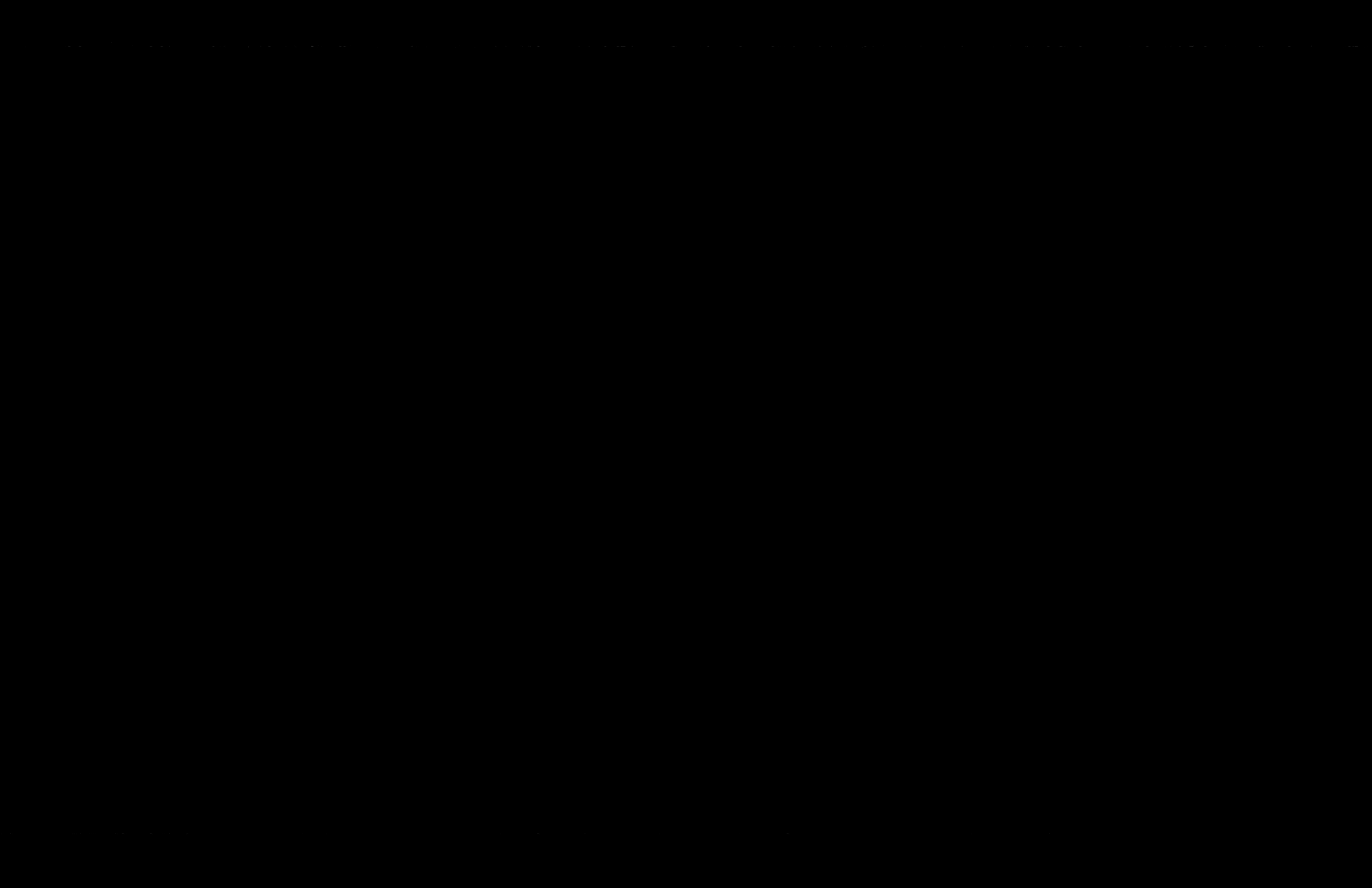

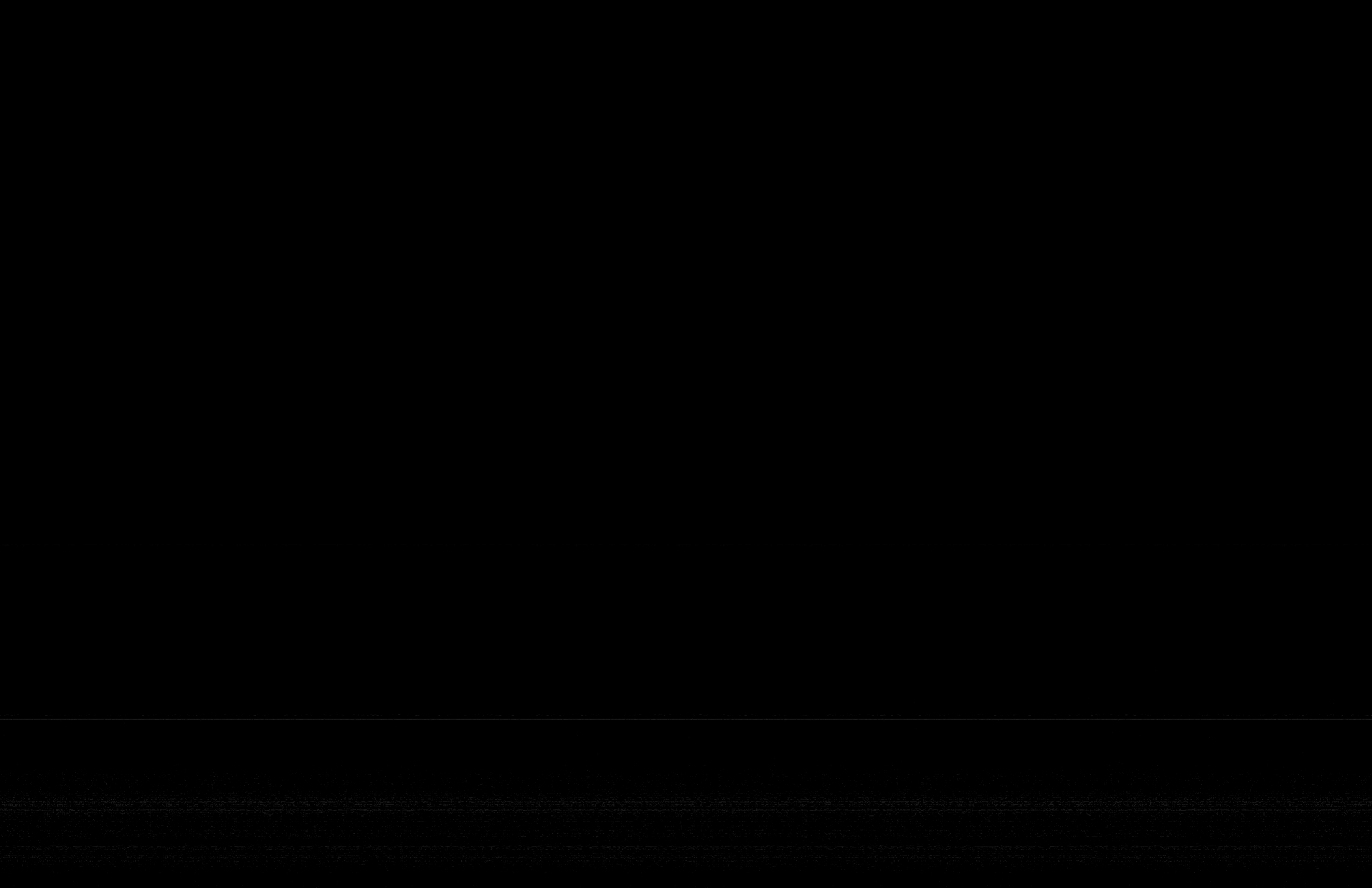

まえがき

　敵が襲ってくるとか，食料が見つかったとかの情報を遠くにいる仲間に伝えるために，太鼓の音や焚き火の煙あるいは太陽の反射光を使って信号を送ったのが通信の始まりでしょう。近代になって，音を電波に乗せて送る技術が開発され，今や電話機は家庭や仕事場になくてはならない道具の一つになっています。電話での技術には，銅でできた電線の中を信号が走るものと，無線で空中を信号が送られるものがあります。ごく最近になって，いろいろなものが，アナログからディジタルになるとともに，電気器具がコンピューターと一体になってきました。ディジタルになると，信号の概念が一新され，信号はオンとオフの2種類しか使いません。信号を送る道具もコンピューターと同じはたらきをするようになり，また，信号を送る方法も今までのものと大きく違ってきました。そこで登場したのが光ファイバーです。光の点滅だけを使って，複雑な信号を送ることができるのです。まるで，古代の通信方法そのものです。違うのは，髪の毛ほどの細いガラスの中を，光が光速で進み，多量の信号を遠くへ伝えることができるということです。電線や無線と違って，雷などの被害を受けることもありません。遠くへ送っても，信号があまり弱くならないので，世界中に信号を送るのも簡単です。
　このように大変便利な光ファイバーですが，一般の方は見たことも触ったこともないのが普通でしょう。例え目の前に置かれたとしても，ただの細いガラスでしかありませんので，それが光ファイバーかどうか分かりません。でも光ファイバーのことを少し勉強しておくと，目の前にしたときに，それが光ファイバーだと気が付くでしょうし，どんな働きをするのかも理解できるでしょう。このような基礎的な知識を身につけると共に，どのようなところで活躍しているのかを知ってもらいたいと，この本を書きました。少し難しいところもありますが，そこは無視して最後まで読んでみて下さい。きっと，光ファイバーが身近に感じられるようになると思います。
　一般の方を対象にこの本を書きましたが，基礎的な部分はきっちりと書いてあります。大学や高専の専門科目への入門書としてもお役に立つものと思います。

　　平成14年12月

　　　　　　　　　　　　　　　　　　　　　　　　　　　　　　著者

もくじ

第1章 光ファイバーの性質と種類 ・・・・・・・・・ 1

1.1 　　光ファイバーの性質 ・・・・・・・・・・・・・・・・・・・ 1
　1.1.1 　光の導波 ・・・・・・・・・・・・・・・・・・・・・・・ 1
　1.1.2 　ファイバー減衰 ・・・・・・・・・・・・・・・・・・・ 3
　1.1.3 　光の集束と伝搬 ・・・・・・・・・・・・・・・・・・・ 5
　1.1.4 　分散 ・・・・・・・・・・・・・・・・・・・・・・・・ 7
　1.1.5 　非線形光学効果 ・・・・・・・・・・・・・・・・・・・ 8
　　　（1）ブリリアン散乱 ・・・・・・・・・・・・・・・・・ 9
　　　（2）自己位相変調 ・・・・・・・・・・・・・・・・・・ 10
　　　（3）ラマン散乱 ・・・・・・・・・・・・・・・・・・・ 11
　1.1.6 　機械的性質 ・・・・・・・・・・・・・・・・・・・・ 11
1.2 　　ファイバーのいろいろ ・・・・・・・・・・・・・・・・・ 12
　1.2.1 　階段状の屈折率分布を持つ多モードファイバー ・・・ 13
　　　1）イメージ光ファイバー ・・・・・・・・・・・・・・ 13
　　　2）通信用光ファイバー ・・・・・・・・・・・・・・・ 13
　1.2.2 　モードとその効果 ・・・・・・・・・・・・・・・・・ 16
　　　1）モード分散効果 ・・・・・・・・・・・・・・・・・ 17
　1.2.3 　屈折率勾配を持つ多モードファイバー ・・・・・・・・ 18
　1.2.4 　単一モードファイバー ・・・・・・・・・・・・・・・ 20

4.6 受信器（光検出器） ……………………………… 129
　4.6.1 半導体検出器 ……………………………… 129
　4.6.2 応答性と量子効率 ………………………… 132
　4.6.3 各種の検出器 ……………………………… 135
　　（1）pn, pinフォトダイオード ……………… 136
　　（2）フォトトランジスター …………………… 139
　　（3）アバランシェフォトダイオード ………… 139

第5章 光通信システム ・・・・・・・・・・・ 142

5.1 伝送系の概要 ……………………………………… 142
　5.1.1 光源 …………………………………………… 143
　　（1）LED光源 ………………………………… 143
　　（2）半導体レーザー光源 ……………………… 145
　　（3）半導体レーザー増幅器 …………………… 146
　　（4）その他の固体レーザー光源 ……………… 148
　5.1.2 送信器 ………………………………………… 148
　5.1.3 中継器 ………………………………………… 149
　5.1.4 受信器 ………………………………………… 150
5.2 伝送技術 …………………………………………… 154
　5.2.1 パルス符号変調 ……………………………… 154
　5.2.2 時分割多重 …………………………………… 156
　5.2.3 パケット交換 ………………………………… 158
　5.2.4 ATM交換 …………………………………… 159
　5.2.5 波長多重 ……………………………………… 160
5.3 光ネットワーク …………………………………… 161
　5.3.1 ネットワークの概要 ………………………… 162
　5.3.2 交換方式 ……………………………………… 162

5.3.3 ネットワーク ……………………………………… 163

第6章 光ファイバーのセンサー応用 ・・・・・・・ 167

6.1 ファイバーセンシングのメカニズム ……………………… 168
6.2 ファブリーペロー型干渉計センサー ……………………… 175
6.3 ファイバーグレーティングセンサー ……………………… 176
 6.3.1 ファイバーグレーティング ………………………… 176
 6.3.2 ファイバーグレーティングの製作 ………………… 177
 6.3.3 ファイバーグレーティングによる反射と透過 …… 178
6.4 ジャイロスコープ ……………………………………………… 181
6.5 OTDR …………………………………………………………… 184

第7章 新しいファイバー ・・・・・・・・・・ 187

7.1 ファイバーレーザーと増幅器 ………………………………… 187
7.2 ファイバーレーザー …………………………………………… 191
7.3 フォトニック結晶ファイバー ………………………………… 195

参考文献 ……………………………………………………… 201
索引 …………………………………………………………… 202

第1章 光ファイバーの性質と種類

本章では，光ファイバー中において光がどのように伝わっていくか，また，それに伴う物理現象について調べます。光パルスが長距離伝送すると波形には歪みが生じてきます。その原因と歪みができるだけ小さくなるファイバーについて説明します。

1.1 光ファイバーの性質

ここでは，光ファイバーの基本的な特性である光の導波，減衰，分散，非線形光学効果について概説します。また，分散を出来るだけ小さくするように工夫された光ファイバーの種類について述べます。

1.1.1 光の導波

光ファイバー中を伝搬する光は，幾何光学によって簡単に説明することができます。**図1.1**に示すように，境界を挟んで異なる屈折率を持つ媒質中の光について考えてみましょう。境界に光が入射すると，次の**スネルの法**

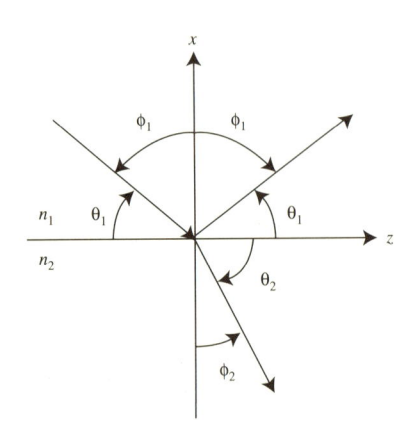

図1.1 平面境界での光の反射と屈折

則が成立することが知られています。

$$n_1 \sin \phi_1 = n_2 \sin \phi_2 \tag{1.1}$$

ここで，ϕ_i ($i=1, 2$) は境界面の法線と光線がなす角度を示しています。また，補角 θ_1, θ_2 を用いると

$$n_1 \cos \theta_1 = n_2 \cos \theta_2 \tag{1.2}$$

で表せます。

屈折率の高い媒質から低い媒質へ光が入射する場合，屈折角 ϕ_2 が90°になる場合があります。この入射角を**臨界角** θ_c といいます。

$$n_2 \sin \pi/2 = n_1 \sin(\pi/2 - \theta_c) = n_1 \cos \theta_c \tag{1.3}$$

つまり

第1章　光ファイバーの性質と種類

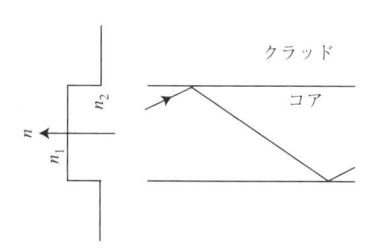

図1.2　ファイバ中の光導波の原理

$$\theta_c = \sin^{-1}\left(\frac{\sqrt{n_1^2 - n_2^2}}{n_1}\right) \tag{1.4}$$

となります。入射角 θ_1 がこの臨界角 θ_2 より小さくなると光は媒質2へ屈折することなく，入射側の媒質に反射します。これを**全反射**といいます。

　光ファイバーは，**図1.2**に示すように屈折率の高いコア（n_1）と屈折率の低いクラッド（n_2）から構成されています。この光ファイバー中では，光はコアとクラッドとの境界で反射を繰り返しながら伝搬（導波）します。

1.1.2　ファイバー減衰

　減衰とは信号強度が伝搬するにつれて小さくなることです。この減衰には大きく分けて吸収，散乱，漏洩の3つの原因があります。

原料（材料）となるガラスは純度が非常に高いのですが，非常に小さな吸収が生じます。これは使用波長と材料に含まれる不純物の割合に依存しています。ある特定不純物は大変大きな吸収を生じさせますが，ほとんど全ての透明媒質は光を透過させ，吸収は小さいです。

　一方，材料のガラスを原子レベルで見ると，この原子が光を散乱させます。これは，霧の中で車のヘッドライトが拡がり，遠くまで届かない現象と大変似ています。この様に，原子は非常に小さな散乱物体と見なされます。散乱は光の波長が短い方が寄与が大きくなり，赤外線より可視光の方が大きくなります。

　漏洩は光がコアからクラッドに逃げる場合に生じます。この漏洩は光ファイバーに大きな曲がりがない限り大変小さな物です。しかし，コア中において光が臨界角よりも大きく，コアとクラッドの境界すれすれに入射する場合には外側に逃げます。この漏洩は前述の2つよりも光の減衰に対する寄与は小さいです。

　散乱や吸収はそれぞれ，大変小さいのですが光ファイバーが数十キロメートルもの長さの場合，全体として減衰は大きくなります。一般に，減衰は入力信号強度と出力信号のそれとの比によって測られます。例えば，入力信号の99％が出力した場合，1％の減衰があります。通常，単位長さあたり（例えば1 km）の減衰は一定で，全長にわたって同じ減衰の傾向を持ちます。従って，単位長さ当たり99％が透過する光ファイバーの場合，10 km

の光ファイバーでは

$$出力 = 入力 \times (0.99)^{10} = 0.904 \times 入力$$

となります。減衰の単位にはdBが用いられ，

$$dB = -10 \log_{10}(出力電力／入力電力)$$

で定義されます。例えば，10 dB/kmの減衰を持つ光ファイバーは，1 km伝送した後，入力光の10％しか出力されないことを意味しています。

1.1.3 光の集束と伝搬

光ファイバーに外部から光を入力する場合，光ファイバー中で受け入れた全ての光に対して全反射が生じる必要があります。これは，**図1.3**に示すように受光面での屈折の法則を用いて評価します。

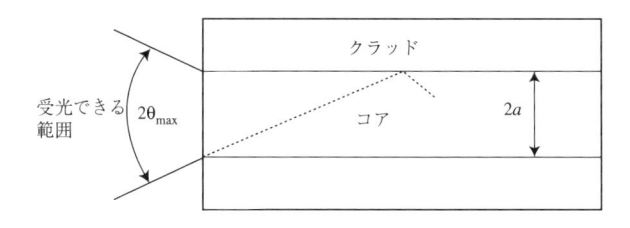

図1.3 光線の伝搬

$$2\theta_{max} = 2\sin^{-1}(n_1 \sin\theta_c)$$
$$\approx 2\sin^{-1}\sqrt{n_1^2 - n_2^2} \quad (1.5)$$

の関係が得られます。特に

$$\mathrm{NA} = n_1 \sin\theta_c = \sin\theta_{max} \approx \sqrt{n_1^2 - n_2^2} = n_1\sqrt{2\Delta} \quad (1.6)$$

を**開口数**といい，導波の特性を代表する重要なパラメータです。光ファイバーの場合，$n_1 = 1.5$，$\Delta = 1$ %とすると，NA = 0.21 です。

　光ファイバーは，光源からの光を伝送するものです。実際の光ファイバー通信の設計において，光を効率良く集めることはとても重要なことです。大きなコアを持つ光ファイバーは，高速通信において余り望ましくありません。従って，実際には 8～62.5μm の直径のコアに光を集束しなければなりません。また，光は1つのファイバーから別のファイバーへ効率良く接続・伝送されなければなりません。このため，かなり精度良く接続する必要があります。光ファイバー中で光がいかに効率良く集束するかは2つの要因に依ります。1つはコアの大きさでありもう1つは軸ずれです。

　通信の分野ではコアの大きさ程度に精度良く光源から光を集める必要があります。一般に光源としては半導体レーザが用いられます。LEDは安価ですが，使用できるのは大きなコア径の場合に限られます。コア径が大きい場合は，軸ずれに対しても簡単に制御することができる

ためです。

　光ファイバーに入った光は，殆どコア中を伝搬しますが，一部の光はクラッドに漏れます。この時，クラッドと外側の被覆の境界で全反射が生じます。これを**クラッドモード**と呼びます。これはあくまでも，外側の媒質の屈折率がクラッドの屈折率よりも小さい時に生じます。しかし，このクラッドモードの伝搬は，雑音や漏話の原因となるため，実際には好ましくありません。従って，実用上はクラッドよりも高い屈折率を持ったプラスチックで被覆し，境界で光が逃げるようにします。

1.1.4 分散

　同軸ケーブルでは，信号は電気的に伝送されていますが高速ではなく，一方，光ファイバーは長距離にわたって低損失で高速であるため，大変魅力的です。しかし，通信に用いられる光ファイバーを作る際に，低損失だけというのでは不十分です。

　光ファイバーの伝送容量を制限するものはいくつかありますが，その中でも比較的影響の大きいのものとして**分散**があります。これは，光ファイバー中に伝送可能なモードの速度の違いが異なることにより，到達時間に差が生じ，結果として入力波形が広がってしまうという現象です。なお，モードや分散については第2章で詳しく説明します。

ファイバー光学の基礎

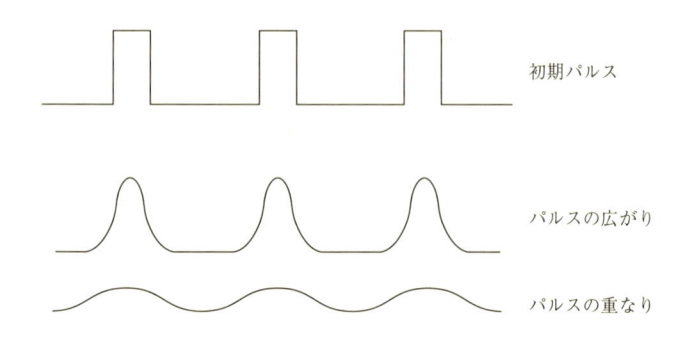

```
┌─┐    ┌─┐    ┌─┐
│ │    │ │    │ │          初期パルス
┘ └────┘ └────┘ └

  ∩     ∩     ∩            パルスの広がり
 ╱ ╲   ╱ ╲   ╱ ╲
─   ───   ───   ─

  ⌢   ⌢   ⌢                パルスの重なり
 ╱ ╲ ╱ ╲ ╱ ╲
    ⌣   ⌣
```

図1.4　パルスの分散

効果は減衰と同様に小さいのですが，伝送距離が長くなる程，波の広がりが大きくなります。これは，**図1.4**に示すように入力パルスが鋭いピークを持っていても長距離を伝送した後は，広がることを意味しています。

ほとんどの分散は，単位長に対して一様です。これは，伝送する距離が長くなれば一様に増加することを意味しています。つまり，分散により伝送距離が制限されることになります。例えば，2.5 Gb/sの信号が400 km伝送できるとした場合，10 Gb/sの信号は100 kmしか伝送できないことを意味しています。

1.1.5　非線形光学効果

一般に光波は光ファイバー中を伝搬する場合，ほとんど材料のガラスとの相互影響は無く，波形の変化もあり

ません。しかしながら，光波と媒質との相互作用により，影響が生じる場合もあります。これを非線形効果と呼びます。通常は，強度の2乗に依存して屈折率変化する場合が多くなっています。小さい強度では非線形効果は弱く，大きな強度では大きくなります。

　光ファイバー中の非線形効果は大変小さいのですが，数kmにわたって伝送するため，その効果は増大します。いくつかの非線形効果は光ファイバーにおいて重要です。以下に簡単に説明しましょう。

(1) ブリリアン散乱

　誘導ブリリアン散乱は，ガラス材料の中で非常に小さな音波が生じる程度に信号電力の大きさになる場合に生じます。単一モード光ファイバー中では数ミリワットの大きさです。音波は媒質の密度を変化させ，それによって屈折率も変わります。これをブリリアン散乱といいます。光波は自身で音波を発生させるので誘導ブリリアン散乱と呼ばれます。

　ファイバーにおいて，ブリリアン散乱により伝送する光波の周波数はもともとの周波数から若干ずれます。散乱波は送信器へ戻り，この効果は光パルスが長い方が大きくなります。ブリリアン散乱により送信器に信号の一部が戻り，送信器の動作が不安定になります。光信号が意図していない方向に伝搬するのは好ましくないので，

通常はアイソレータを挿入して，ブリリアン散乱の影響を小さくするように設計しています。

(2) 自己位相変調

ガラスの屈折率は，その中を通過する光の強度に応じて変化します。これにより光チャネルの強度変調が生じ，更に，位相も変調されます。これが**自己位相変調**です。

光パルスの立ち上がり部では，周波数は信号のものよりも低くなり，また，立ち下がり部では高くなります。結果として帯域幅が広くなります。これは単一モードシステムにおいて生じるものです。自己位相変調によるスペクトルの広がりは，分散と同様の影響が生じます。つまり，長距離通信システムにおけるデータ転送速度が制限されます。大きな振幅を持ち1ピコ秒よりも短い超短パルスにおいて自己位相変調効果はとても大きく，広い範囲の波長に亙って生じます。また，自己位相変調は**ソリトン**と呼ばれるパルスを安定化させることも出来ます。ソリトンはパルスの形状を崩すことなく長距離にわたって伝送することができる将来の通信システムに用いられるパルスであり，現在，世界中で実用化に向けて研究開発が行われています。

(3) ラマン散乱

ラマン散乱の原理を簡単に説明しますと，分子が光を吸収し，その後すぐに元の光子と同じエネルギーを持つ光子を再放出することによって，散乱と波長のずれに影響するということです。

光ファイバー中に適当に離れた2つの波長の波が伝送している時，誘導ラマン散乱によりお互いにエネルギーのやり取りがあります。1つの波長が分子振動を生じさせ，もう1つの波長の光がエネルギーを放出する分子を刺激します。2つの波長間のラマンシフトは比較的大きく13 THz程あります。これにより光チャネルの漏話を生じますが，波長を慎重に選択すれば，これらの相互作用を減少させることができます。

1.1.6 機械的性質

ほとんどの光ファイバーは自動的にケーブルに組み立てられますが，ケーブルの敷設や接続を考える場合，ケーブルを組み入れた光ファイバーを取り扱う必要があります。

通常の光ファイバーはプラスチックで被覆されています。プラスチックの被覆は取り扱い易く，外部からの物理的な衝撃にも強いという利点があります。標準的な通信用光ファイバーの直径は125μm程度です。プラスチッ

クはその倍の250μmであり，取り扱いや製造が簡単です。被覆の目的は2つあり，1つは外部からの物理的な衝撃から守ることで，もう1つは色分けのためです。

　理論計算によると，完璧に作成された光ファイバーは，1 cm^2 当たり14Gトンの力にも耐えうることができます。実際には，製造上の不完全性から1 cm^2 当たり2.4Gトン程度です。

　光ファイバーが長くなるほど，ある力が加えられ断線し易くなります。この弱点を見い出すために，製造中に検査を実施する必要があります。光ファイバーは長さ方向にある張力をかけると弱い点で断線する特性があり，これを利用して弱点を検出します。通常，0.7Gトンの力を加える試験を工場で行ないます。

　光ファイバーの破断はガラス表面にある微小なひび割れから始まります。力が加わることによりひび割れが大きくなり，ある力を越えるとすぐに破断してしまいます。原因となるひび割れは，表面に沿ってランダムに生じるために，統計的に処理する必要があります。

1.2　ファイバーのいろいろ

　本節では，光通信に用いられているファイバーの種類やその特性について説明します。

1.2.1 階段状の屈折率分布を持つ多モードファイバー

　最も簡単な光ファイバーは，2つの層であるコアとクラッドから構成されています。まず，屈折率分布が**図1.5（a）**に示すようにコアの径が大きい多モードステップ型光ファイバーについて述べます。用途としては次のものがあります。

（1）イメージ光ファイバー

　多モードステップ型光ファイバーは，映像伝送するために作成された最初の光ファイバーです。映像用光ファイバーは，コアに比べてクラッドの厚さが薄いのが特徴です。光ファイバー中のコアにほとんどの光が閉じ込められ，クラッドには光は漏れません。これはクラッドの厚さが薄くなるにつれてその効果が大きく，伝送効率も高くなります。最小の**イメージファイバー**の大きさは20μmですが，この大きさでさえ可視光の波長に比べても十分に大きくなっており，コアとクラッドの境界で全反射を生じさせることが可能です。

（2）通信用光ファイバー

　それ程大きくないコア径の光ファイバーは通信用とし

て用いられます。図 1.5（a）の様に 100μm のコアに 20μm のクラッドを持つ光ファイバーです。一般には外側のプラスチックは全てを覆うので，外からのダメージが少なく，また，取り扱いも容易です。この様にコア径の大きい通信用光ファイバーは，魅力的となる場合があり

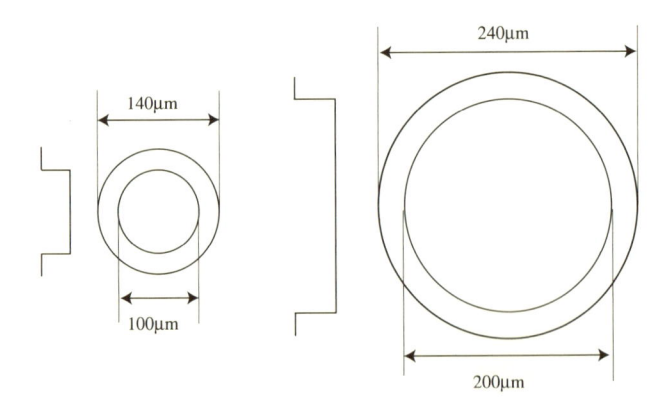

(a) 多モードステップ型光ファイバー

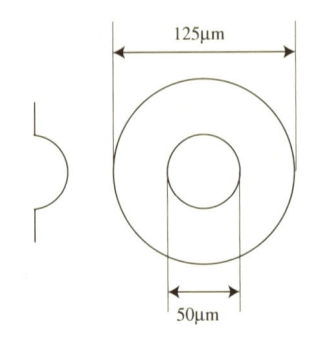

(b) グレーディド型光ファイバー

図1.5　いろいろなファイバ

ます。それはLEDの様な安価な光源から効率良く集光することができるためです。

　光線の立場からコア径の大きなステップ型光ファイバーを考えます。図1.6に示すようにファイバーに入った光は境界では異なった角度で反射を繰り返しながらファイバー中を伝送します。軸と光線のなす角度が大きくなればなるほど、伝送する距離が長くなります。このパルスの分散効果は、距離と共に大きくなり、データ伝送速度に制限が加えられます。この様に光線モデルは、ファイバー中を伝送する光を簡単に説明することが出来ます。

　光ファイバーは1つ又はそれ以上のモードを伝送する導波路です。モードについては次章で説明します。ファイバーのコア径が大きくなれば、多くのモードを伝送することが出来ます。異なる角度で入射した光は、様々な

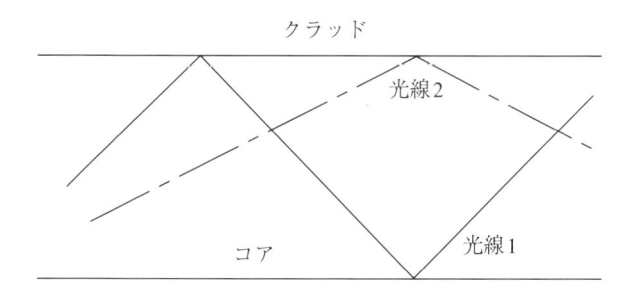

図1.6　光線を用いたステップインデックス光ファイバ中のモード分散

モードとなって異なった速度で伝送します。

1.2.2　モードとその効果

　モードは導波路を伝送する波の安定した界分布です。波長，導波路の大きさ，形状や性質によって，どの様なモードが伝送できるかが決まります。導波路の解析については第2章で詳しく述べますので，ここでは定性的に説明します。1つは伝送可能なモードの数は，導波路のコア径の大きさと共に増加します。これはまた波長にも依存します。伝送する波は定在波です。光線の考え方を用いると，コアとクラッドの境界面で完全反射が生じ，光が伝送します。しかし，完全反射が生じているにもかかわらず，光はクラッド領域にいくらかしみ出しています。これは単一モードの場合，**モードフィールド径**と呼ばれ，コア径より若干大きく，光強度の$1/e^2$に落ちる距離で定義されます。

　クラッドへの漏れは材料にとって重要となります。単一モードファイバーでは，光は殆どコア中を伝送しますが，一部クラッドにも光があります。モードは，しばしば数により特徴付けられます。ファイバー中を伝送できるモード数は，コア径や波長と同様に開口数にも依存します。ステップ型の場合，モード数は近似的に

$$0.5\left(\frac{\pi D NA}{\lambda}\right)^2 \tag{1.7}$$

で与えられます。ここで，λ は波長，D はコア径です。100μm のコア径で NA = 0.29 の場合，波長が 850nm のとき数千のモードが伝送可能です。

(1) モード分散効果

それぞれのモードは，ステップ型光ファイバーを伝送する際，それぞれの独特の速度を持っています。この速度の違いによってパルスが広がります。これを**モード分散**と呼んでいます。多くのモードが伝送するほど多くのパルス広がりが生じます。

第2章で分散について説明しますが，多モードファイバーにおいてモード分散は最も大きくなります。どれだけの多くのモードがどれだけの分散を生じさせるかの詳細な計算は実用上余り重要ではありません。しかし，光線モデルを用いることにより，ファイバーを伝送する光の伝送時間の違いを計算することができます。例えば，1 km の伝送の後，光パルスは 30 ns の広がりが生じます。これは，伝送速度にとって厳しい制約となります。パルスが重なってしまうと，受信された信号からもとの信号を認識することができなくなってしまうからです。従って，光パルスは 30 ns 以上離れなければなりません。パル

ス広がりが与えられた時の最大伝送速度の見積もりは

$$レート = \frac{0.7}{パルスの広がり}$$

で行います。これを用いると 30 ns のパルス広がりの場合，最大伝送速度は 23 Mbit/s となります。

1.2.3　屈折率勾配を持つ多モードファイバー

屈折率勾配を持つファイバー（**グレーデッドファイバーともいう**）の屈折率分布は**図1.7**の様になります。コアの中心から離れるに従いだんだんと屈折率が小さくなり境界でクラッドのものと同じになります。この屈折

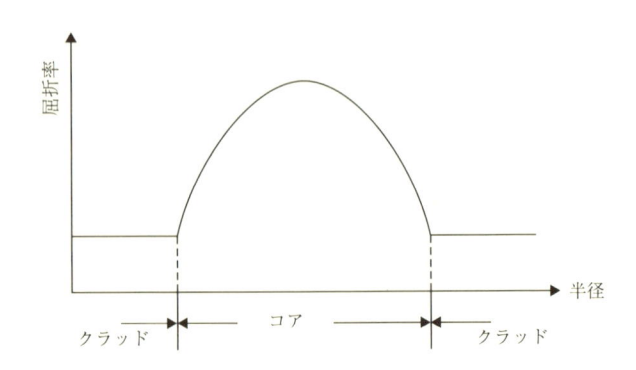

図1.7　屈折率勾配を持つ多モードファイバー

率内の光線は，**図1.8**の様に蛇行しながら伝送します。コアークラッド境界で屈折率が急激に変化しないので，全反射は生じません。屈折する光線は境界に到達する前にコアの中心へと戻って行きます。

　標準的なグレーデッド多モードファイバーは，コア径が50〜62.5μmでクラッドが125μmです。コア径は光源から効率良く光を採り込むほどに十分大きくなっています。また，クラッドは漏れがないように少なくとも20μmの厚さが無ければなりません。

　グレーデッドファイバーは大きなコア径の単一ステップ型ファイバーよりも高い伝送容量を持ちます。1980年

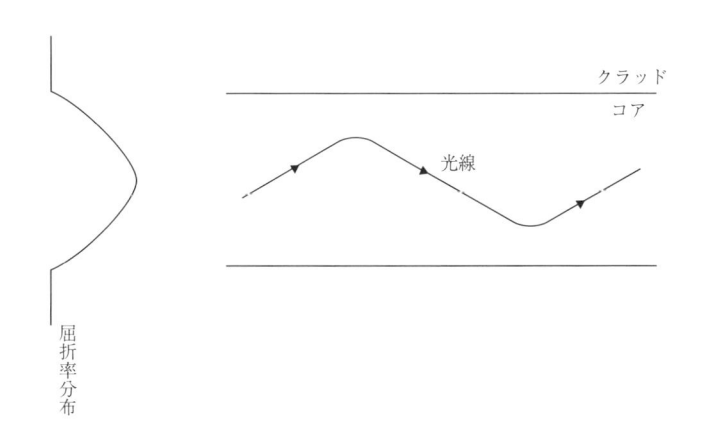

図1.8　屈折率勾配を持つ多モードファイバーにおける光線

半ばまでは通信用のファイバーとして用いられてきましたが，単一モードファイバーが十分働くようになったので，電話通信の分野では次第に衰退して行きました。グレーデッドファイバーは主にデータ通信や数km範囲以内のネットワークに用いられています。

1.2.4　単一モードファイバー

　単一モードのファイバーの基本的な要求は，1つのモードのみが伝送可能となるコアを持つことです。単一モード伝送は，モード分散やモード雑音，多モードファイバーに伴うその他の効果が無いため，多モードファイバーよりも高速に信号を伝送することができます。すべての通信分野において，高い伝送速度，中継間隔が長くなることなどの長所を持っているため採用されています。

　最も簡単な単一モードは，ステップ型の屈折率分布を持ちます。比屈折率差が0.36％のものが良く用いられています。図1.9に屈折率分布を示します。

　単一モードであるための条件は次式で与えられます。

$$D < \frac{2.4\lambda}{\pi\sqrt{n_0^2 - n_1^2}} \tag{1.8}$$

ここで，Dはコア径，λは使用波長です。コア径がDのファイバーは

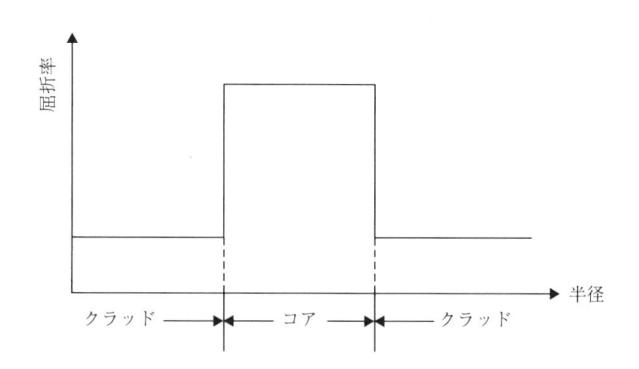

図 1.9　単一モードファイバーの屈折率

$$\lambda_c = \frac{D\pi\sqrt{n_0^2 - n_1^2}}{2.4} \tag{1.9}$$

より長い波長に対しては単一モードになることがわかります。しかし，λ_c より短くなると多モードになります。この λ_c のことを単一モードファイバーの遮断波長といいます。良く用いられる単一モードファイバーは1310 nmで用いられます。この時の遮断波長は1.26μmです。

1.2.5　分散シフト単一ファイバー

パルス分散は，主要な問題の1つです。主なものとして，速度の変化によって生じる波長分散があります。波長分散は材料分散と導波路の構造による分散の和で与えられます。図 **1.10** に示すように2つの分散は波長によっ

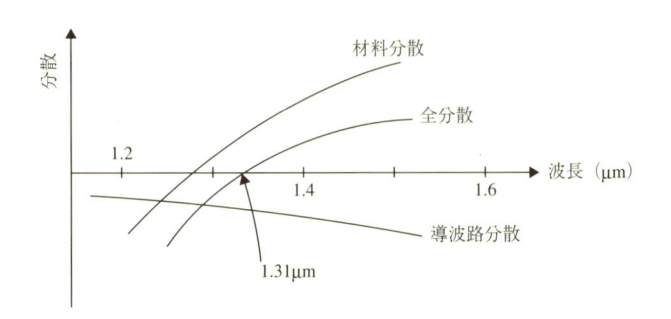

図1.10　導波路分散，波長分散

て符号が異なります。1.31μm付近ではこれらがつり合い全分散が零になることがわかります。

　この1.31μmは有用な波長です。しかし，ガラスファイバーの損失は1.55μmで最小であり，また光増幅等に用いられるErが添付されたファイバーも同じ波長で動作することから，必ずしも理想的ではありません。導波路分散は，波長だけでなく導波路の大きさにも依存します。屈折率分布が**図1.11**に示す様なファイバーは，導波路分散はステップ型屈折率の場合と異なり，**図1.12**に示すようになります。この図から全分散が1.55μmへ移動することがわかります。この様に零分散が移動するファイバーを**分散シフトファイバー**と呼びます。このファイバーは単一チャネルの場合に用いられます。しかし，波長多重通信（WDM）の様にいくつかの波長を用いるシステムでは，特性が不安定になるので用いられることはありません。

(a) 分散シフト光ファイバ

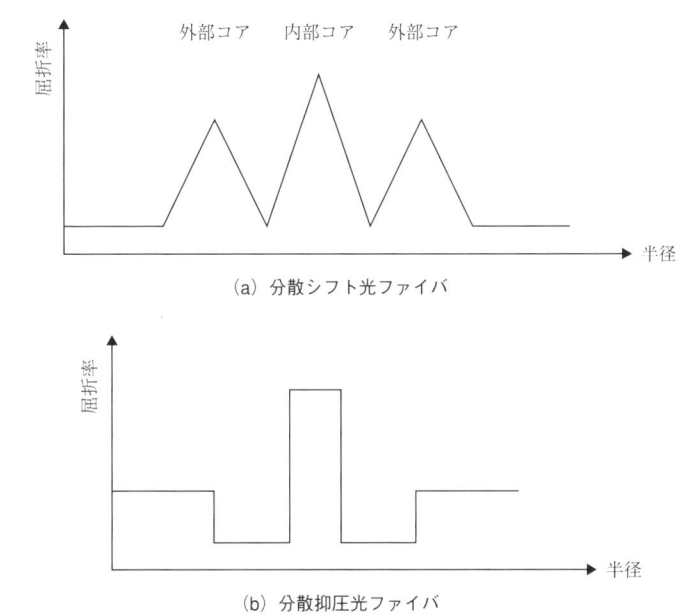

(b) 分散抑圧光ファイバ

図1.11　分散シフトファイバーのいろいろ

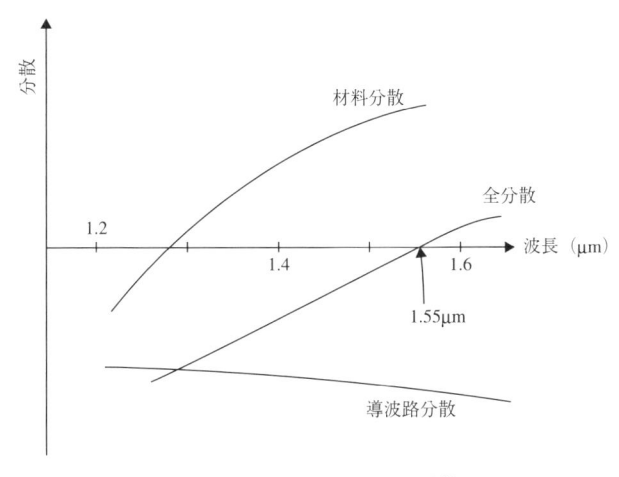

図1.12　1.55μmにおける分散

(1) 単一モードファイバーの偏光

全ての電界がお互いに平行に配置されているならば、この光は最も簡単な形である直線偏光です。通常の光は、水平と垂直の2つの偏光の重ね合わせと考えることができます。円または楕円に偏光する場合もあります。これは電界と磁界がお互いに位相差を持って振動する場合に生じます。

多モードファイバーにおいて偏光はそれ程重要でありませんが、単一モードにおいては大切です。単一モードファイバーにおいて直交する偏光である2つのモードを伝送することができるからです。円対称のファイバーにおいて、このモードを区別することができません。導波理論の立場からこの2つのモードのことを**縮退している**といいます。

ファイバーの円対称性が完全であるならば、偏光は通信において殆ど実用的ではありません。しかし、この対称性が必ずしも完全ではありません。外部から力が加えられると、対称性が崩れることがあります。結果として、2つの偏光モードは縮退が解けファイバー中を若干異なる速度で伝送することになります。この効果を**偏光モード分散**といいます。

偏波保持ファイバーは、対称性を崩して水平、垂直偏光された光を別々に伝送しています。方法として、①屈折率分布を非対称にする、②コア内部に非対称な応力分

布を作る，の2種類があります。いずれにしてもこれらは電界の方向によって屈折率が異なる複屈折と似た現象を示すので，複屈折ファイバーとも呼ばれています。

　本章では，光ファイバーの特性について概観しました。光ファイバー中のモードの種類や周波数特性あるいは分散や損失については，次章で説明を行います。

第2章 光ファイバーの基礎特性

　光ファイバーは光信号を伝送させる導波路構造をしており，石英を材料としている場合，0.2 dB/km以下の低損失のものが作製されています。光ファイバー中の電磁界分布や種類，固有の伝送速度等の特性を調べるためには，マクスウェル方程式から出発した波動方程式をきちんと解く必要があります。本章では，波動論の立場から光ファイバー中の電磁界を調べます。

2.1　光ファイバー中の電磁界

　光ファイバーは，光信号を集中させて伝送させるために，図2.1に示すように屈折率が高いコア（core）部と屈折率が低いクラッド（cladding）から構成され，伝送方向には一様となっています。最も良く使われる光ファイバーとして，コアとクラッドの屈折率が一定のステップ型光ファイバー（図2.2（a））およびコアの屈折率が，例えば，半径の2乗に比例して減少する2乗分布形のようなグレーデッド型光ファイバー（図2.2（b））があります。更に，コアの屈折率が三角形の分布をしたもの，

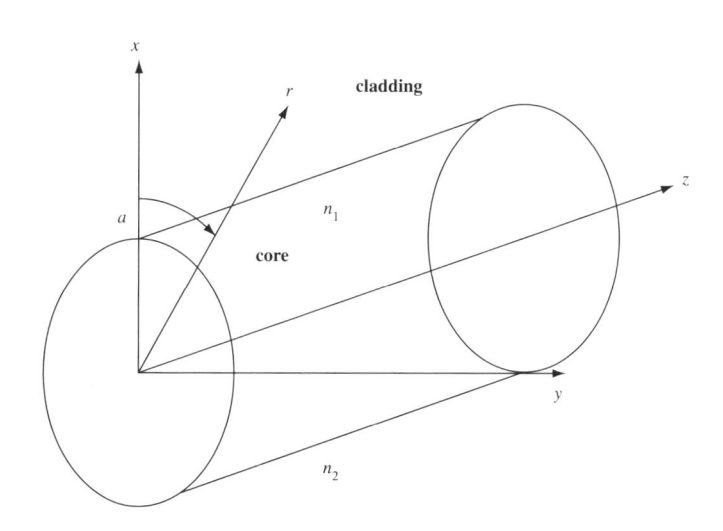

図2.1　光ファイバーの構造

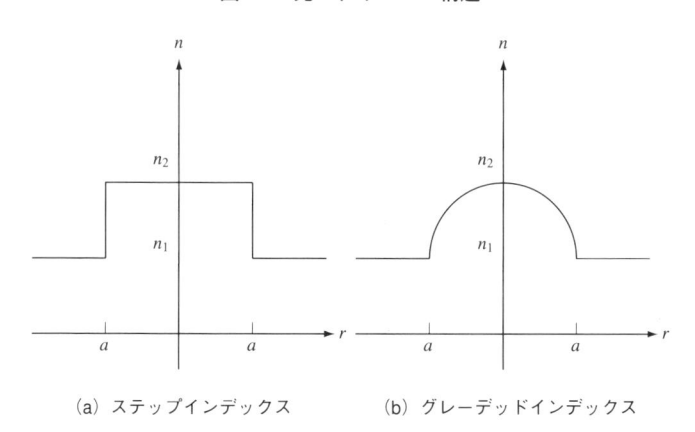

図2.2　光ファイバーの屈折率分布

(a) ステップインデックス　　(b) グレーデッドインデックス

コアとクラッドとの間に屈折率の低い溝があるW形等の複雑な屈折率分布をしたものがあり，これらをまとめて不均一コア光ファイバーと呼ばれています。

良く知られているように，光は巨視的には**マクスウェル方程式**で記述することができます。伝送方向をz軸に選び源が無いとします。この時，マクスウウェル方程式は次式で与えられます。

$$\nabla \times \mathbf{H} = \varepsilon \frac{\partial \mathbf{E}}{\partial t} \tag{2.1}$$

$$\nabla \times \mathbf{E} = -\mu \frac{\partial \mathbf{H}}{\partial t} \tag{2.2}$$

また，構成方程式は

$$\nabla \cdot \mathbf{D} = 0 \tag{2.3}$$

$$\nabla \cdot \mathbf{B} = 0 \tag{2.4}$$

となります。ここで，$\mathbf{E}$は電界，$\mathbf{H}$は磁界，$\mathbf{D}$は電束密度，$\mathbf{B}$は磁束密度です。

角周波数ω, 伝搬定数βの光波がz方向に伝送する場合，電磁界は円筒座標系において

$$\mathbf{E}(r,\theta,z,t) = \mathbf{E}(r,\theta)\exp(j\omega t - j\beta z) \tag{2.5}$$

$$\mathbf{H}(r,\theta,z,t) = \mathbf{H}(r,\theta)\exp(j\omega t - j\beta z) \tag{2.6}$$

と表されます。E_z, H_zを用いて他の成分を表すと

$$E_r = -\frac{j}{\beta_t^2}\left(\beta\frac{\partial E_z}{\partial r} + \omega\mu\frac{1}{r}\frac{\partial H_z}{\partial \theta}\right) \tag{2.7}$$

$$E_\theta = -\frac{j}{\beta_t^2}\left(\beta\frac{1}{r}\frac{\partial E_z}{\partial \theta} - \omega\mu\frac{\partial H_z}{\partial r}\right) \quad (2.8)$$

$$H_r = -\frac{j}{\beta_t^2}\left(\beta\frac{\partial H_z}{\partial r} - \omega\varepsilon\frac{1}{r}\frac{\partial E_z}{\partial \theta}\right) \quad (2.9)$$

$$H_\theta = -\frac{j}{\beta_t^2}\left(\beta\frac{1}{r}\frac{\partial H_z}{\partial \theta} - \omega\varepsilon\frac{\partial E_z}{\partial \theta}\right) \quad (2.10)$$

となり，E_z, H_z は次式の波動方程式を満足します．

$$\frac{\partial^2 E_z}{\partial r^2} + \frac{1}{r}\frac{\partial E_z}{\partial r} + \frac{1}{r^2}\frac{\partial^2 E_z}{\partial \theta^2} + \beta_t^2 E_z = 0 \quad (2.11)$$

$$\frac{\partial^2 H_z}{\partial r^2} + \frac{1}{r}\frac{\partial H_z}{\partial r} + \frac{1}{r^2}\frac{\partial^2 H_z}{\partial \theta^2} + \beta_t^2 E_z = 0 \quad (2.12)$$

ただし，

$$\beta_t^2 = k^2 n^2 - \beta^2 \quad (2.13)$$

$$k^2 = \omega^2 \varepsilon_0 \mu_0 \quad (2.14)$$

であり，n は媒質の屈折率を表し，β_t は横方向伝搬定数と呼ばれます．次節以降では，屈折率が一定のステップ型光ファイバーおよびグレーデッド型光ファイバー中の光波について調べます．

2.1.1 ステップ型光ファイバー

コアの屈折率を n_1, クラッドの屈折率を n_2, コアの半径を a とします。波動方程式の解として $\psi = R(r)\exp(jn\theta)\exp(j\omega t)$ ($\psi = E_z$ または H_z) の変数分離形を仮定すると, $R(r)$ に対して次式が得られます。

$$\frac{d^2R}{dr^2} + \frac{1}{r}\frac{dR}{dr} + \left(\beta_t^2 - \frac{n^2}{r^2}\right)R = 0 \tag{2.15}$$

この式はベッセルの微分方程式として知られており, 解として次のものが考えられます。

$$R(r) = J_n(\beta_t r) \qquad 0 \leq r \leq a \tag{2.16}$$
$$= K_n(\beta_t r) \qquad r \geq a \tag{2.17}$$

ここでは $r = 0$ の原点で電磁界が有限の値を持ち, また, $r \to \infty$ のとき電磁界が減衰するものを採用しています。したがって, 光ファイバー中の電磁界 E_z および H_z は

$$E_z = AJ_n(ur/a)\sin n\theta \qquad 0 \leq r \leq a \tag{2.18}$$
$$= CK_n(wr/a)\sin n\theta \qquad r \geq a \tag{2.19}$$

$$H_z = BJ_n(ur/a)\cos n\theta \qquad 0 \leq r \leq a \tag{2.20}$$
$$= DK_n(wr/a)\cos n\theta \qquad r \geq a \tag{2.21}$$

となります。ここで, u, w は

第2章　光ファイバーの基礎特性

$$u = \sqrt{(n_1k)^2 - \beta^2}\, a \tag{2.22}$$

$$w = \sqrt{\beta^2 - (n_2k)^2}\, a \tag{2.23}$$

であり，それぞれ，**正規化横方向位相定数**，**正規化横方向減衰定数**と呼ばれています。

　未知係数 A, B, C, D は $r = a$ において電磁界の接線成分が連続となる境界条件から決定されます。未知係数が0でない条件より次式が得られます。

$$\left[\frac{J_n'(u)}{uJ_n(u)} + \frac{K_n'(w)}{wK_n(w)}\right]\left[\frac{\varepsilon_1}{\varepsilon_2}\frac{J_n'(u)}{uJ_n(u)} + \frac{K_n'(w)}{wK_n(w)}\right] \\ = n^2\left(\frac{1}{u^2} + \frac{1}{w^2}\right)\left(\frac{\varepsilon_1}{\varepsilon_2}\frac{1}{u^2} + \frac{1}{w^2}\right) \tag{2.24}$$

ここで，プライム記号（´）は引数に関する微分を表します。式(2.24)は波動の状態を表す**固有値方程式**と呼ばれています。上式には u, w が含まれていますが，式(2.22)，(2.23)より伝搬定数 β の関数と見ることができます。したがって，β についての超越方程式となっています。一方，u, w の式(2.22)，(2.23)より，

$$u^2 + w^2 = (2\pi a/\lambda)^2 (n_1^2 - n_2^2)^{1/2} = v^2 \tag{2.25}$$

となり，この v のことを**正規化周波数**といいます。

　式(2.22)，(2.23)より根号の中が正の場合，つまり

$$n_2 k < \beta < n_1 k \tag{2.26}$$

の場合，**伝搬モード**または**導波モード**と呼ばれます。この時，光はコアの領域に閉じ込められています。一方，$\beta \leq |n_2 k|$ となる場合，w が純虚数となりクラッドの領域で光は減衰しません。これを**放射モード**と呼びます。伝搬モードから放射モードへ変わる時，つまり，$w = 0$ となる時を遮断状態といい，この時の周波数 f_c を**遮断周波数**，波長 λ_c を**遮断波長**といいます。

以下では，モード毎に伝搬モードについて調べます。

2.1.2　モードの種類

(1) TEモード

$n = 0$ の時でかつ $E_z = 0$ となるモードのことを**TEモード**といいます。$A = C = 0$ となり他の電磁界成分は H_r，E_θ，H_z を持ちます。固有値方程式は

$$\left[\frac{J_0'(u)}{uJ_0(u)} + \frac{K_0'(w)}{wK_0(w)} \right] = 0 \tag{2.27}$$

となります。これは，式(2.24) の第1項＝0に相当します。$J_0(u)$ は u に対して振動しているので，解は u に対して多値となります。遮断周波数 f_c が小さなモードから順に m で区別してこれを TE_{0m} モードと呼びます。

(2) TMモード

$n=0$ で，$H_z=0$ となるモードのことを **TMモード** といいます。$B=D=0$ となり，他の電磁界成分は E_r，H_θ，E_z を持ち，固有値方程式

$$\left[\frac{\varepsilon_1}{\varepsilon_2}\frac{J_0'(u)}{uJ_0(u)}+\frac{K_0'(w)}{wK_0(w)}\right]=0 \tag{2.28}$$

が得られます。これは式 (2.24) の第 2 項＝ 0 に相当します。TE モードの場合と同様に TM_{0m} モードと呼びます。

(3) ハイブリッドモード

$n\geq 1$ の場合，E_z，H_z はともに成分を持つことから**ハイブリッドモード**と呼ばれ，EH，HE モードがあります。両モードの区別は

$$p=\frac{H_z}{\gamma E_z} \tag{2.29}$$

で定義される p の符号を用いて行われ，正（負）が EH（HE）モードです。ここで，$\gamma=\sqrt{\varepsilon_0/\mu_0}$ は特性アドミタンスです。

固有値方程式に含まれる $J_n(u)$ は，**図 2.3** から分かるように振動しているので，解は n に対して多値になることがわかります。遮断状態から順次に m 番目の解である

ことを示して，HE_{nm}，EH_{nm} と表します。

規格化周波数 v に対する伝搬定数 b の数値例を図2.4に示します。図から分かるように，HE_{11} モードは遮断状態

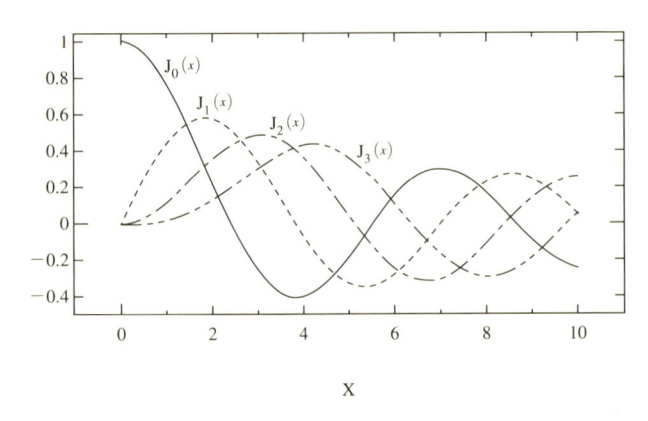

図2.3 ベッセル関数

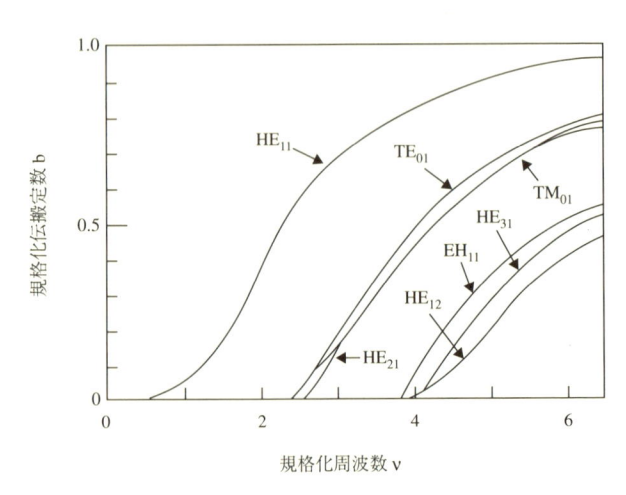

図2.4 ステップ型光ファイバーの規格化伝搬定数
(bは式(2.45)で定義。左貝：光通信工学，共立出版，2000, p33)

を持ちません。この様なモードを**基本モード**と呼びます。また，$v < 2.405$ では基本モードのみ伝搬可能であることがわかります。この様な光ファイバーを**単一モード光ファイバー**と呼びます。

(4) LPモード

ハイブリッドモードの固有値方程式は大変複雑です。実用的には，光ファイバーの比屈折率差 $\Delta = (n_1^2 - n_2^2)/2n_1 \approx (n_1 - n_2)/n_1$ が十分小さくなります。この近似のことを**弱導波近似**と呼びます。この時，軸方向の伝搬定数 β には

$$\beta(\mathrm{HE}_{n+1,m}) \cong \beta(\mathrm{EH}_{n-1,m}), \quad (n \geq 2) \tag{2.30}$$

の関係があり，固有値方程式から同じ β を持つことがわかります。このことを縮退しているといいます。伝搬定数がほぼ等しく，かつ，それらの重ね合わせによって直線偏波で構成できる様なモードを**LPモード**（Linear Porallized mode）と呼びます。LPモードと前述のモードとの対応は**表2.1**のようになっています。

電磁界分布を**図2.5**に示します。同じLPモードの属するモードの電界成分（E_x または E_y）の強度分布は同じパターンであることがわかります。

ファイバー光学の基礎

表2.1 LPモードと従来のモードとの対応

$$\begin{aligned}
\text{LP}_{0,1} &\rightarrow \text{HE}_{1,1} \\
\text{HE}_{2,m}, \quad \text{TE}_{0,m}, \quad \text{TM}_{0,m} &\rightarrow \text{LP}_{1,m} \\
\text{HE}_{n-1,m}, \quad \text{EH}_{n+1,m} &\rightarrow \text{LP}_{n,m}
\end{aligned}$$

LPモード名	従来の名称	電界分布	光強度分布
LP_{01}	HE_{11}		
LP_{11}	TE_{01}		
	TM_{01}		
	HE_{21}		
LP_{21}	EH_{11}		
	HE_{31}		

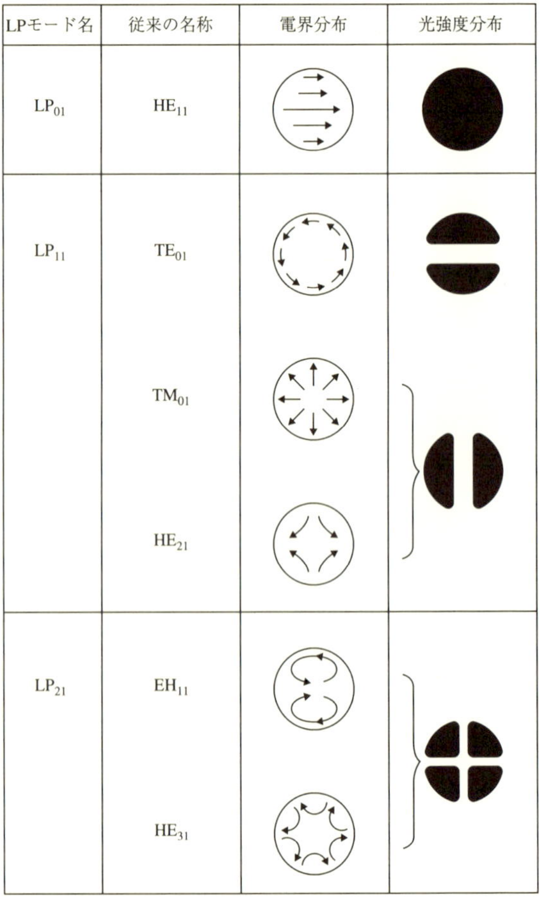

図2.5 LPモードの電磁界分布

2.1.3 グレーデッド型光ファイバー

コアの中心の屈折率が高く、クラッドに近づくに従って屈折率が減少する光ファイバーをグレーデッド型光ファイバー（GIファイバー）と呼んでいます。このファイバーは分散特性が改良され、広帯域通信の可能性を持っています。GIファイバーでの電磁界分布や固有値方程式について調べる際の基本方程式について述べます。

屈折率nが場所の関数となるので、$\nabla \cdot \mathbf{D} = 0$の取り扱いに注意すると

$$\mathbf{E}_t = -j\frac{\beta}{\omega^2 \varepsilon \mu - \beta^2}\left[\nabla E_z - \frac{\omega \mu}{\beta}\hat{z} \times \nabla H_z\right] \tag{2.31}$$

$$\mathbf{H}_t = -j\frac{\beta}{\omega^2 \varepsilon \mu - \beta^2}\left[\nabla H_z + \frac{\omega \mu}{\beta}\hat{z} \times \nabla E_z\right] \tag{2.32}$$

ここで、$\hat{z}$はz方向の単位ベクトルです。光ファイバー用の材料において$\mu = \mu_0$としてよいので、屈折率は誘電率εのみが場所の変化によって生じます。このことを考慮に入れると

$$\nabla^2 \mathbf{E}_t + \left(\omega^2 \varepsilon \mu_0 - \beta^2\right)\mathbf{E}_t + \nabla\left[\frac{\nabla \varepsilon}{\varepsilon} \cdot \mathbf{E}_t\right] = 0 \tag{2.33}$$

$$\nabla^2 \mathbf{H}_t + \left(\omega^2 \varepsilon \mu_0 - \beta^2\right)\mathbf{H}_t + \frac{\nabla \varepsilon}{\varepsilon} \times \left(\nabla \times \mathbf{H}_t\right) = 0 \tag{2.34}$$

上式からGIファイバーはスカラー成分に分解することができない形をしており，この形の波動方程式を**ベクトル波動方程式**と呼んでいます。

しかしながら，$\nabla \varepsilon \approx 0$と近似できる場合，第3項を無視することができるので，近似的に

$$\nabla^2 \mathbf{E}_t + (\omega^2 \varepsilon \mu_0 - \beta^2) \mathbf{E}_t = 0 \tag{2.35}$$

$$\nabla^2 \mathbf{H}_t + (\omega^2 \varepsilon \mu_0 - \beta^2) \mathbf{H}_t = 0 \tag{2.36}$$

と書くことができます。$\nabla \varepsilon / \varepsilon \approx 0$の近似のことを**弱勾配近似**と呼んでいます。$\mathbf{E}_t$, $\mathbf{H}_t$をx, y成分に分解するとスカラーで表現でき，これを**スカラー波近似**といいます。また，軸方向成分E_x, H_zは弱勾配近似のもとでは

$$\nabla^2 E_z + (\omega^2 \varepsilon \mu - \beta^2) E_z = 0 \tag{2.37}$$

$$\nabla^2 H_z + (\omega^2 \varepsilon \mu - \beta^2) H_z = 0 \tag{2.38}$$

となりステップ型光ファイバーのものと同じになります。

例として，実用上帯域が最も広くなる屈折率が2乗分布している光ファイバー（2乗分布型光ファイバー）について述べます。2乗分布形光ファイバーの屈折率は次式で与えられます。

$$n^2(r) = \begin{cases} n_1^2 \{1 - \Delta(r/a)^2\} = n_1^2 \{1 - (gr)^2\} \\ n_2^2 = n_1^2(1 - 2\Delta) \end{cases} \tag{2.39}$$

$$g = (2\Delta)^{1/2}/a \tag{2.40}$$

ここで，g は集束定数といわれるものです。中心部分の屈折率が一番大きくコア周辺部に近づくにつれて屈折率が小さくなることから，光線は**図2.6**の様になります。

E_z または H_z を変数分離解を仮定して

$$\psi = R(r)\exp\{jm\theta\}\exp\{j(\omega t - \beta z)\} \tag{2.41}$$

を波動方程式へ代入すると，$R(r)$ についての次式が得られます。

$$\frac{d^2 R}{dr^2} + \frac{1}{r}\frac{dR}{dr} + \left[\{n(r)k\}^2 - \beta^2 - \frac{m^2}{r^2}\right]R = 0 \tag{2.42}$$

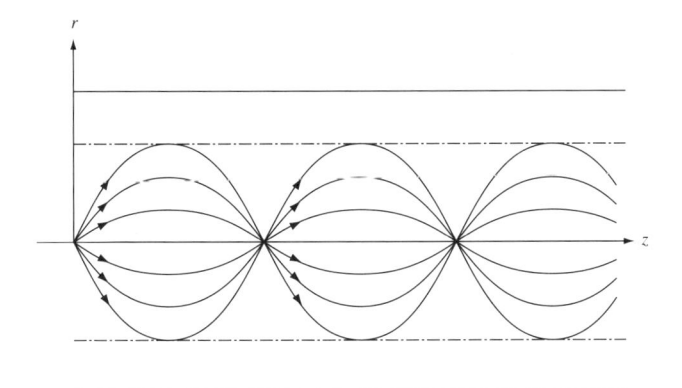

図2.6　2乗分布光ファイバー中の光線伝搬

$0 \leq r \leq a$ の領域では，$R(r)$ は次式の様に求めることができます。

$$R(r) = (r/w_0)^n \exp\left[-(r/w_0)^2/2\right] L_m^{(n)}\left((r/w_0)^2\right) \tag{2.43}$$

ここで，

$$w_0 = 1/\sqrt{n_1 k g}, \qquad M = 2m + n + 1 \tag{2.44}$$

であり，$L_m^{(n)}(x)$ はラゲールの**陪多項式**です。n は θ 方向の節の数であり，M は**主モード数**と呼ばれます。このようにラゲールの陪多項式とガウス関数の積で与えられる

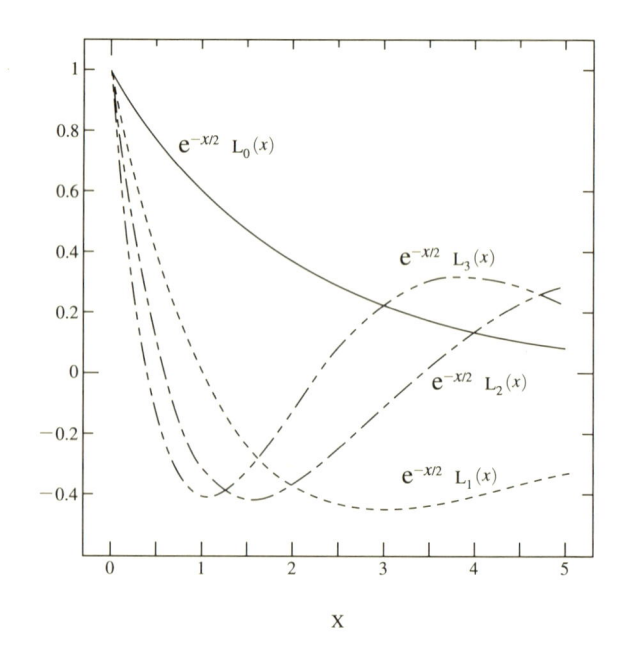

図2.7 ラゲール・ガウス関数の分布図

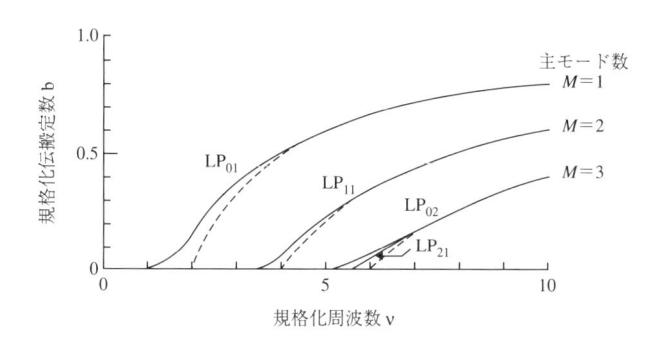

図2.8　2乗分布形光ファイバーの規格化伝搬定数[3]
（実線は厳密解，破線はラゲール・ガウスモードを示す）
（左貝：光通信工学，共立出版，2000, p.44）

モードのことを**ラゲール・ガウスモード**といいます。**図2.7**にラゲール多項式とガウス関数との積の図を示します。

2乗分布形光ファイバーの分散特性は**図2.8**のようになります。なお，規格化伝搬定数bは

$$b = \frac{(\beta/k)^2 - n_2^2}{n_1^2 - n_2^2} \tag{2.45}$$

で定義しています。

2.2　分散特性

光ファイバー中を伝送する光パルスは，長距離伝送に

より波形が広がります。これは，周波数によりわずかながら材料であるガラスの屈折率が異なるためであり，これを分散と呼びます。本節では分散特性について調べ，この特性を利用した分散制御光ファイバーについて説明します。

2.2.1 分散の概要

光ファイバーを用いて信号を伝送する場合，最もよく用いられているパルス符号を変調する強度変調があります。入射した光パルスの伝搬定数 β は周波数に依存するため，光パルスは固有の群速度を持ちます。この群速度が異なっていることにより，受信端では波形が広がってしまいます。この特性を**分散**（dispersion）といいます。光ファイバー中での分散として

1. 材料分散
2. 導波路分散
3. モード分散
4. 偏波分散

の4つが存在します。

2.2.2 導波路分散と材料分散

光ファイバーにおいて単位長さ当たりの伝搬遅延時間は，受信端でのパルスの到達時間差に依存し，このこと

を**群遅延**と呼びます．角周波数 ω_0 近傍での群遅延は

$$t = \frac{1}{v_g} = \frac{d\beta}{d\omega} = \left[\frac{d\beta}{d\omega}\right]_{\omega=\omega_0} + (\omega - \omega_0)\left[\frac{d^2\beta}{d\omega^2}\right]_{\omega=\omega_0} \tag{2.46}$$

で与えられます．ただし，v_g は群速度です．第1項はモード分散に寄与しており，第2項はスペクトルの広がりと関連していることから導波路分散と材料分散に寄与します．特に，導波路分散と材料分散の和は，**波長分散**と呼ばれます．この波長分散は，光源や信号が存在する周波数範囲に依存します．

材料分散は，波長に対する屈折率の変化に依存して生じます．**図2.9**は光ファイバーで用いる SiO_2 についての波長に対する屈折率と分散を示しています．この図から材料分散は，正または負となることがわかります．これ

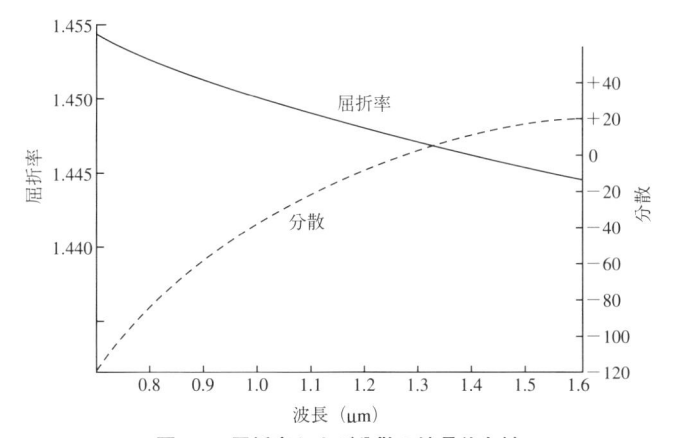

図2.9 屈折率および分散の波長依存性
(J. Hecht：Understanding Fiber Optics (3rd Edition), Prentice Hall, 1999.,p.94)

はパルスがどの様に広がるかを示しています。この符号の違いは，材料分散と導波路分散を足し合わせて波長分散を小さくできることを示しています。波長が1.1μmより短い場合に分散が大きくなっており，0.85μmより波長が短い場合は，単一モード光ファイバーに対しての実用上の限界といえます。

屈折率が波長によって異なるため，光はファイバー中で伝搬する際に影響を与えることがわかります。ステップ型単一モード光ファイバーにおいて，導波路分散は小さいですが大変重要です。屈折率分布が複雑になると導波路分散は増加します。波長分散は導波路分散と材料分散の和であるため，符号は大変重要となります。**図1.10**（22ページ）及び**図1.12**（23ページ）に示す様に，材料分散と導波路分散がつり合い，分散が0となる波長が存在していることがわかります。導波路分散の変化は余り大きくありませんが，ファイバー設計を制御することにより全分散を変化させることができます。材料分散は，SiO_2であればすべて同じであり，1.27μmから1.29μmで分散が0となります。一方，導波路分散を大きくすると波長分散が1.55μm付近で0にすることができます。これを**分散シフトファイバー**といいます。

2.2.3　モード分散

モード分散は多モード光ファイバーでの各モードの群

速度が異なり，受信端で生じる歪みが原因です。換言すれば，ステップ型光ファイバーの場合，光がコア中を通る速さとクラッド中を通る速さとの差によって生じる到着時間の広がりと同程度です。

もっとも簡単にパルスの広がりを評価するのは，次式のようになります。

$$\Delta t = 分散(\text{ns/km}) \times 距離(\text{km})$$

この式は2つの意味を持ちます。単位長さあたりの特性分散であり，もう1つは全長における単位時間におけるパルスの広がりです。もし，同じファイバーを使用するのであれば，全体のパルス広がりは特性分散に距離を掛けたもの等しくなります。もし，異なったファイバーを接続して使用する場合は，それぞれのファイバーの分散を計算しなければなりません。上式はステップインデックス型多モードファイバーに対してモード分散を与えます。グレーデッドインデックス型ファイバーでは，モードの伝送速度が等しくなるように設計されており，使用周波数範囲がステップインデックス型よりも広くなります。この場合，上式はモード分散だけでなく，波長分散を含んだものになります。

2.2.4 偏波分散

単一モード光ファイバー中の光波は，構造が完璧であ

れば通常縮退しています。しかし，実用上ファイバー断面内の形状が崩れる場合があります。このとき，縮退がとけて2つの固有モードが生じます。このモードの違いによって生じる分散を**偏波分散**といいます。原因としてコアの楕円化，曲げ，応力などがあります。石英系光ファイバーの場合，製作の過程で急冷されます。このとき，熱膨張係数が非軸対称分布していると屈折率も変化が生じ，この異方性から複屈折が生じます。

応力は結晶に強い複屈折を生じさせます。この複屈折により，2つの偏波に対する屈折率は約10％異なります。光ファイバー中ではこの効果は大変小さいですが，長距離伝送するために効果の蓄積が生じます。複屈折は一般に伝搬方向にランダムに発生します。これは，製造過程や環境による応力が光ファイバー伝搬方向にランダムに揺らいでいる事によります。

偏波分散は波長分散に比べて小さいですが，偏波分散を抑える技術開発は現在も行われています。伝送速度が2.5 Gbit/s以下ではそれほど重要でありませんが，10 Gbit/s以上になると偏波分散に対する制御に注意を要します。

2.2.5　分散制御光ファイバー

前節までに述べた分散を制御して全分散が零になるように製作された単一光ファイバーを総称して分散制御光

ファイバーと呼んでいます。使用目的は異なりますが，図2.10に示すように分散シフト光ファイバーや分散フラット光ファイバーなどがあります。

　分散フラット光ファイバーは多くの波長を搬送波として使用する光波長多重通信で用いられ，広い周波数範囲で低分散です。材料分散の逆符号を持った導波路分散を作製することにより実現しています。これまでに4重クラッド光ファイバーが提案されていますが，現在も改良が行われています。

　1.55μm帯では損失が極めて小さいことから中継間隔が延びるため，この帯域を使用することは経済的です。既設の光ファイバーを効率良く運用する方法として，分散

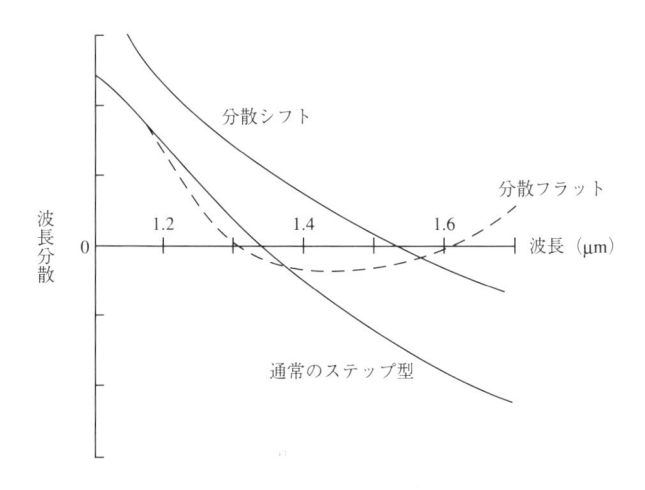

図2.10　分散光ファイバーの全分散
(左貝：光通信工学，共立出版、2000, p.70)

補償光ファイバーを用いるものがあります。既設の1.33μm零分散光ファイバーを1.55μm帯で使用すると，もはや分散は零でなくなることが**図2.10**からわかります。1.55μm帯で分散が逆の符号を持つ光ファイバーを継ぎ足して分散を相殺できれば，既設の光ファイバーを取り替えずに中継間隔を延長させることができます。

2.3 損失特性

光パルスは長距離伝送すると分散による歪み以外に損失などによる減衰が生じます。この減衰は入力電力と出力電力の損失で評価します。本節では，この損失の要因や種類について説明します。

2.3.1 損失の要因

光通信で用いられる波長領域における損失の主な要因は**表2.2**のように分類されます。遷移金属イオンによる吸収は，現在では，製造工程の改良により殆ど問題になりません。

図2.11は**表2.2**中の一部を波長依存性について示してたものです。Si-O結合は波長が9μm，12.4μm，21μmに振動吸収を持っており，その一部が現れています。電子遷移による紫外吸収は波長が160nm付近にあり，その影

表2.2 損失特性の主要因

本質的な損失	・Si-O結合の赤外吸収の影響 ・電子遷移による紫外吸収の影響 ・屈折利の揺らぎによるレーリー散乱
不純物の吸収	・水（OH基）の分子振動による散乱 ・遷移金属イオンによる吸収
構造の不完全	・コア・クラッド間境界の揺らぎ ・接続・結合の不完全 ・ファイバーの曲がり

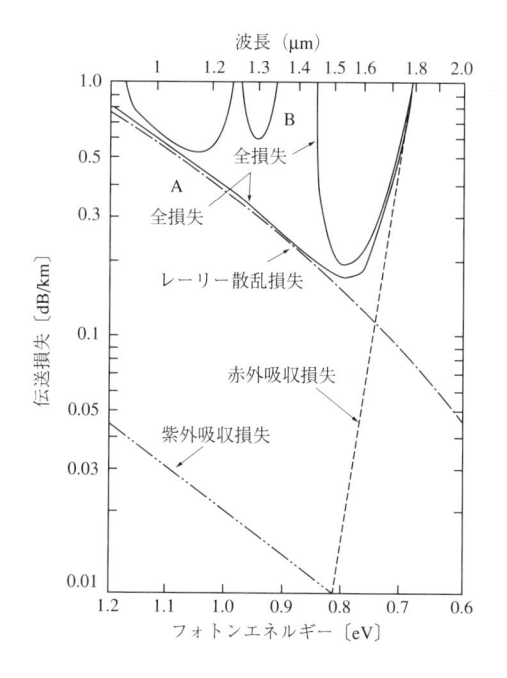

図2.11 光ファイバー損失の種々の要因

(大越 et al., 光ファイバ, オーム社, 1983, p.29)

響が見られます。しかし，これは散乱損失より十分小さいことがわかります。レーリー散乱は，ガラス屈折率の揺らぎが原因で生じ，波長をλとするとλ^{-4}に比例することが知られています。

石英系光ファイバーの製造技術の進歩により現在では，**図2.12**に示すように1.55μmの波長に対して0.2 dB/kmの低損失のものが得られています。波長が短くなるとレイリー散乱が主な要因となり，長波長側では赤外のSiO_2の分子振動による吸収によって決まります。

光通信は，当初0.85μm帯が使われていました。しかし，光ファイバー製造技術の進歩に伴い分散特性と関連した

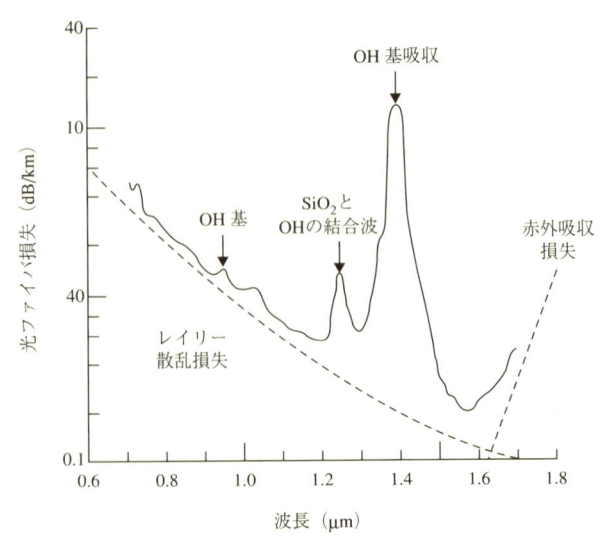

図2.12 波長に対する損失特性

(左貝：光通信工学，共立出版，2000，p.54)

1.3μmが用いられ，現在では1.55μmが使用されています。

2.3.2 結合・接続損失

光ファイバーでの構造的な損失発生原因の概略図を**図2.13**に示します。以下では，いくつかの損失について説明します。

光源である半導体レーザーと光ファイバーとの結合による損失は，レーザーから射出した光分布と光ファイバーの固有モードの分布の相違により生じます。一般に，半導体レーザーのビームは楕円形をしており，一方，光ファイバーのモードは円形です。この結合損失を低減するために，レンズを用いてスポットサイズ変換を行い，光ファイバー端面で波面を一致させる方法が用いられています。

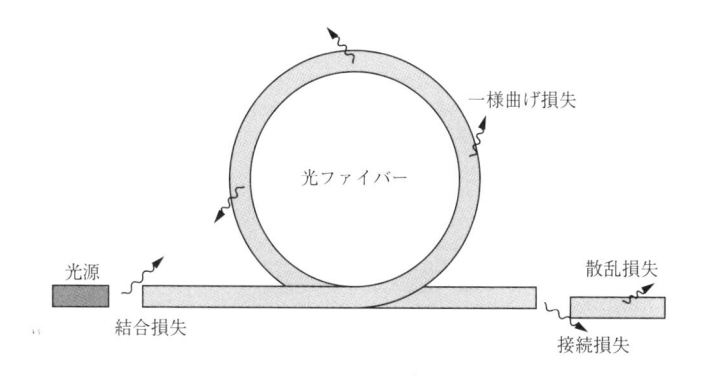

図2.13 光損失発生要因の模式図

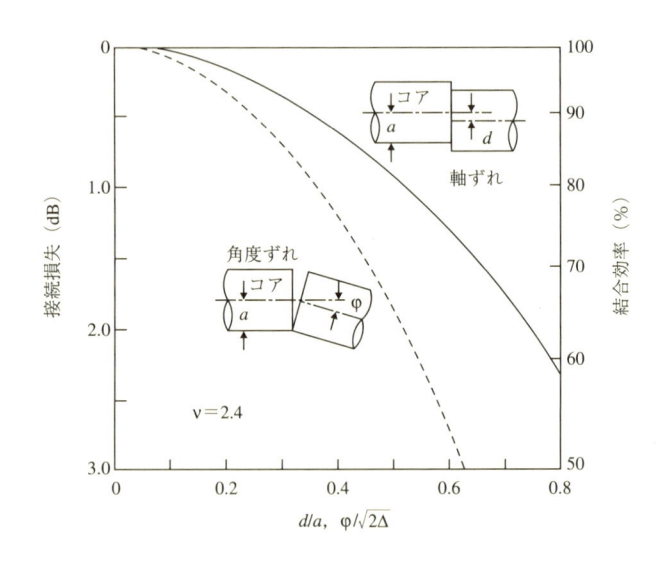

図2.14 接続損のモデル図
(左貝:光通信工学, 共立出版, 2000, p.56)

　長距離にわたって光ファイバーを埋設する場合，中継器の部分で切って接続する必要があります。この場合，**図2.14**に示すように接続部で光が漏れたり光ファイバー同士の軸がずれたりして損失が生じます。単一モード光ファイバーにおいて軸ずれ損失を0.1dBとするには，軸ずれ量を1μm以内にしなければならず高度な接続技術が必要です。

2.3.3　曲がり損失

　光ファイバーは外界とは完全に分離されていません。この外界の影響が物理特性を変え，光の導波に影響を及

ぽしています。光ファイバーの曲げによる影響は，その中の1つでケーブルの埋設の際に必ず生じます。これは，光を光線で取り扱うと容易に理解できます。**図2.15**に示すように，光ファイバーが直線の場合，光はコアとクラッドの境界で全反射を繰り返しながら伝搬します。しかし，光ファイバーに曲がりが生じると境界に入射する角度が，臨界界より小さくなるため全反射が生じず，一部の光が外へ放射されます。この漏れ光が損失となります。

また，光ファイバーのコアとクラッドとの境界面にわずかな凹凸があると，凹凸の部分から光が放射されたり，モード変換が生じます。これも損失となりますが，コア

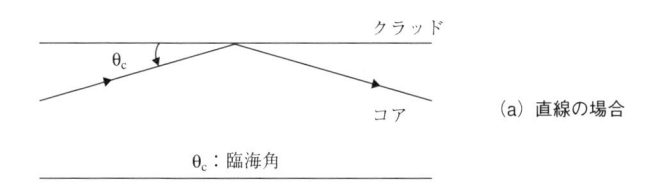

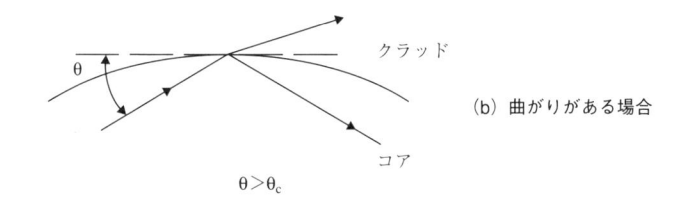

θ_c：臨海角

(a) 直線の場合

(b) 曲がりがある場合

$\theta > \theta_c$

図2.15 曲がり損失

の半径を大きくしたり，コアに屈折率分布を付けることにより避けることができます．

　本章では，光ファイバー中の電磁界について定量的に検討を行い，モードの種類や固有値などの光ファイバーの諸特性について概説しました．また，光通信システムにおいて重要となる分散や損失について述べました．光ファイバーの製造技術については第3章に詳述します．また，光ファイバーの特性を測定評価する際の技術については第4章で検討を行います．

第3章 光ファイバー材料と製造法

　材料は光ファイバーの心臓部であり，最も重要です。超低損失の材料なしには，ファイバー光学通信は成り立ちません。本章では，ファイバー光学材料としての必要条件とファイバー用の各種材料，ファイバーを作る過程についてお話しします。

3.1　光ファイバーに必要なこと

　光ファイバーを作る場合に必要とされる最も基本的な性質としては，透明であること，コアとクラッド構造を持って細いファイバー状に引き伸ばせること，そして望みの環境において安定であることです。通信においては，特に透明性が要求されます。透明な材料の中には，氷も入るかもしれませんが，普通の環境では氷は溶けてしまうので光の世界で使う材料の中には入りません。塩や砂糖の結晶も透明ですが，両方とも水に簡単に溶けてしまうので，普通の湿度の環境では使えません。その他，我々が普段目にする透明な材料と言えば，ガラスとプラスティックです。

細く一様なファイバーを作るのは別の問題です。普通は，材料が軟らかくなるまで加熱し，粘りっ気のある液体状態になったところで引っ張って，細くします。プラスチックは，透明ですし，ちょっと温度を上げれば融けるので，細くするのも簡単です。でも，温度が高い環境では使えません。

このように考えてくると，光ファイバーに最も適した材料はガラスであるということがわかります。ある種のプラスチックも使えます。結論からいえば，光の波長が0.4μmから2μmの可視・赤外波長域ではプラスチック，1.3μmと1.55μmではガラスが適しています。これら以外の波長域で使うつもりなら，他の材料を探さなければなりません。

3.1.1 光ファイバーの損失

光ファイバーの中を光が伝搬するとき，弱くならない，すなわち減衰しないことは絶対にありませんが，まず，どのような原因で減衰するのかを考えてみましょう。光ファイバーの**伝搬損失**には，大きく分けて材料に本質的な内的要因と光ファイバーとして使う際に発生する外的要因に分けることができます。外的要因の中には接合や接続，曲げて使う際の曲がり具合などがあり，これに関しては別の機会にお話ししましょう。ここでは，主に材料と製造過程によって発生する内的要因について考え

てみましょう。内的要因には，構造からくる**吸収損失**とガラス内の密度の変化などによって生じる**散乱損失**，そしてコアとクラッドの界面の不均質性による**構造不完全性による損失**にわけることができます。

　光ファイバーの減衰は，入力と出力の間の光の強度比によって測ることができます。全減衰はすべての損失の総和になります。吸収と散乱は累積される性質があり，ファイバーの長さに応じて増加します。一方，結合損失などは光ファイバーの端でだけ生じます。長距離通信において重要なのは内的要因による損失です。P_0の入力パワーをファイバーに入射させたとき，距離Dだけ伝搬した後でのパワー$P(D)$は，

$$P(D) = (P_0 - \Delta P)(1-\alpha)^D (1-S)^D$$

と書くことができます。ここで，ΔPは入力の際の結合損失，αは単位長さあたりの吸収（**吸収係数**），Sは単位長さあたりの散乱（**散乱係数**）と呼ばれる量です。

3.1.2　吸収損失

　すべての材料はいくばくかの光エネルギーを吸収します。吸収される光の量は波長と材料によって変わります。普通のガラスは可視光をほとんど吸収しませんので，透明に見えます。この本が印刷されている紙は，可視光を吸収しますので不透明に見えます。紙に書かれている字

は黒く見えるでしょう。紙は字の部分よりたくさんの光を反射しているので白く見え，字の部分はほとんどすべての光を吸収してしまい，反射する光がないので黒く見えるのです。吸収の量は波長によって変わります。透明に見えるガラスでも，波長が10μmの赤外光に対しては不透明になります。まったく色が付いて見えない空気でも，0.2μmより短い波長の光は完全に吸収されます。そのために，0.2μmより短い波長の光は空気中を伝搬することができず，**真空紫外光**と呼ばれています。

吸収は物質の組成によって大きく変わります。ガラスの場合，少量の異物（不純物）が吸収を示す原因になっています。したがって，光通信に使うファイバー材料としては，できるだけ不純物を少なくすることが重要になってくるのです。

吸収は累積します。たとえば，1cm進むと1％だけ吸収される材料があるとします。光がさらに1cm進むと，残りの光の1％が吸収されます。すなわち，2cm進む間に光の強度は0.99×0.99＝0.98になってしまうのです。もう少し，数学的に扱ってみましょう。単位長さあたりの吸収がαである材料中をDの距離だけ進んだ後，光のパワーは

$$(1-\alpha)^D$$

になります。先ほどの例にならって，1cmあたり1％の吸収がある材料中を1m（100cm）だけ進んだ後での光パ

ワーは

$$(1 - 0.01)^{100} = 0.366$$

すなわち，36.6％の光パワーになってしまうのです。最初に入った光の実に三分の一しか出てこないことになってしまいます。

3.1.3　散乱損失

　原子や他の粒子は程度の差こそあれ光を**散乱**させます。光は吸収されるのではなく，他の方向に伝搬させられるのです。その結果，伝搬方向に進む光パワーは低下します。**図3.1**に散乱の様子を模式的に描いてあります。こ

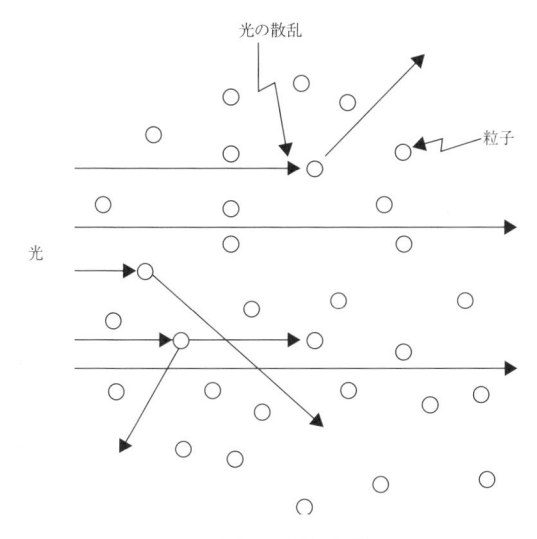

図3.1　光の散乱

のような粒子による散乱を，英国の物理学者の名前を冠して**レイリー散乱**と呼んでいます。散乱も吸収も，光ファイバー中を伝搬する光にとっては，同じことです。ともに損失を与えます。吸収と同様に散乱も累積性を持っています。単位長さあたりの**散乱損失**をSとすると，Dの距離だけ伝搬した後の光パワーは

$$(1-S)^D$$

と書くことができます。散乱は粒子の大きさによって大きく変わります。粒子の大きさが伝搬する光の波長に近くなればなるほど散乱が大きくなります。一方，散乱損失は波長が短くなれば，急激に増大します。透明な固体では，kmあたりの散乱損失をdBで表せば

$$散乱 = A \cdot \lambda^{-4}$$

となります。ここで，Aは材料によって決まる定数です。これは，伝搬する光の波長が半分になれば散乱損失が16倍になることを意味しています。

3.1.4 全減衰

図3.2に通信に使われる波長領域における損失の例を描いてあります。減衰は単位長さ（1km）あたりの光パワーの減衰をdB単位で描いてあります。図を見ると，ガラス中に残っている金属不純物による小さな吸収ピーク

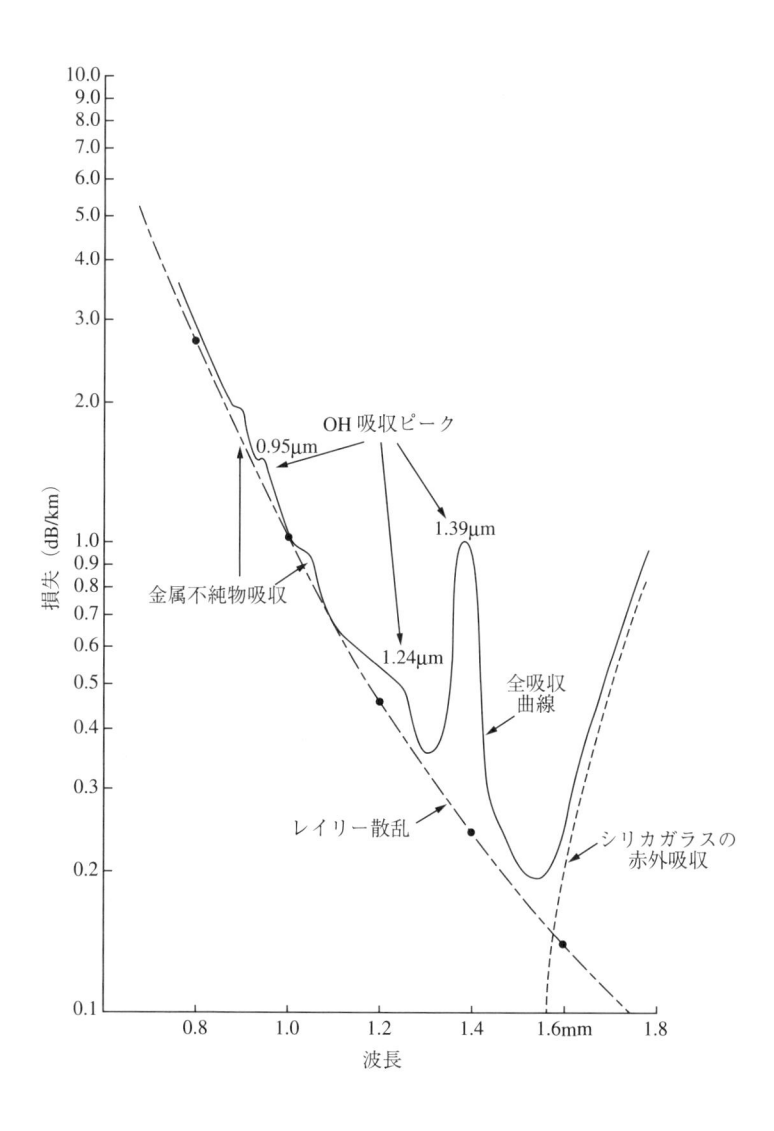

第3章　光ファイバー材料と製造法

図 3.2
(J. Hecht：Understanding Fiber Optics (3rd Edition), Prentice Hall, 1999., p.85)

がいくつかあり，他にガラス中の酸素原子と水素原子の結合による吸収が見られます。図ではOH吸収ピークと書いてあります。1.6μmより長波長領域における吸収は，ガラス中のシリコン原子と酸素原子の結合によるもので，吸収の大きさは波長が長くなるに従って急速に増大します。その結果，シリカガラスで作った光ファイバーは1.6μmより長い波長領域では使えないのです。

レイリー散乱は短い波長領域で顕著になります。**図3.2**に見られるように，波長とともに急激に増大します。散乱損失は理論的に計算できます。それを点線で描いてあるのですが，点線と測定値である実線との差は吸収損失に相当します。レイリー散乱と赤外吸収が小さくなる1.55μm付近に損失の「谷」があるのがわかります。

3.1.5 デシベル単位の減衰

減衰は，出力と入力の光の強度比で表されます。すなわち，P_{out}/P_{in}です。通常は**デシベル**（dB）を単位に使います。

$$減衰(dB) = -10 \cdot \log(P_{out}/P_{in})$$

出力は，当然入力より小さい値なので，この対数の部分は負の値となり，計算結果は正の値を示します。本によってはこの式のようにマイナス符号が付いていない場合がありますので，その場合は負号が損失を表すのです。

−3dBの損失は，入力のほぼ半分が出力されることを意味しています。10dBは10％，20dBは1％です。しかしながら，100dBは，入力の10^{-10}しか出力されないことになるのです。

$$出力 = 10^{(-dB/10)}$$

の式を使うと簡単かもしれません。デシベル（dB）は，信号パワーと減衰を計算するのに非常に便利な単位です。ある部分に損失（1）があり，次に損失（2），そして次の部分に損失（3），…がある場合を考えましょう。このようなファイバーの全損失は

$$全損失(dB) = 損失(1)(dB) + 損失(2)(dB) \\ + 損失(3)(dB) + \cdots\cdots$$

と書くことができます。単位長さあたりの損失がわかっているファイバーの全長の損失は

$$全損失 = dB/km \times 距離$$

で計算できます。

　ファイバー光学においては，1mW（dBm）を基準に取ることが多くあります。すると，10mWは10dBm，0.1mWは−10dBmとなります。一例を挙げて計算してみましょう。1mWの入力を，入力端で3dBの損失，0.6dB/kmの損失を持つファイバー中を5km伝搬した後の出力パワーは

$$P_{\text{out}} = 0\,\text{dB} - 3\,\text{dB}(入力端損失) - (5\,\text{km} \times 0.6\,\text{dB/km})$$
$$= -6.0\,\text{dBm}$$

となり，出力端では0.25mWの光パワーが得られることになります。

3.2 なぜガラス？

　ガラスは光ファイバーで最も多く使われている材料です。しかしながらガラスはいろいろな形のものがあり，注意して言葉を選ばなくてはなりません。科学的な立場から見れば，ガラスは**非晶質**（別名**アモルファス**）です。すなわち，原子が無秩序に並んだ固体であり，原子が整列している**結晶**とは区別して取り扱われます。液体を急速に冷却することで作ることができます。ガラスの代表選手は酸化物ですが，ほとんどの化合物は結晶になりやすく，ガラスになるものは少数です。ガラスになりやすい代表選手であるシリカ（SiO_2）でさえも，ゆっくり冷やせば結晶になります。石英はシリカの結晶のことです。わたしたちが日常の生活において経験するガラスは，ライム，ソーダ，その他の材料を持つ砂を溶かして急冷して作ったものです。化学的には，通常の窓ガラスの主成分はシリカ（SiO_2）と酸化カルシウム（CaO）と酸化ナ

トリウム（Na_2O）です。主体はシリカで，カルシウムやナトリウムなどはガラスを作る際の性質を改良したり，融点を下げたりするために加えられているのです。他の材料などを加えることでいろいろな性質を持ったガラスを作ることができます。例えば，鉛の化合物を混ぜると極めて透明なガラスができ，少量のコバルトは深い青色のガラスになります。

　通常の窓のように，ガラスを意識することがないほどガラスは透明です。窓ガラスの端を見ると，緑色に色づいて見えます。ガラスのこの色は不純物が原因です。主成分シリカは完全に透明だからです。窓ガラスの色は，数ミリの普通の厚さだと意識する必要はありませんが，側面を見るときのように，厚くなると顕著になります。

　1800年代以降，光学メーカーは，窓ガラスと比べると格段に透明で，純粋で，欠陥のないガラスを作る努力をしてきました。光学素子を作る際に最も重要となる屈折率を変えるために他の材料を混ぜます。最も標準的な光学ガラスの屈折率は1.44と1.8の間にあります。屈折率は波長によって異なる値を持っています。最も低い屈折率を持つガラスは純粋なシリカです。この特性に加えて，純粋なものを作ることができることと，地球内に無尽蔵に存在することから，このシリカが光ファイバーに最も適した材料となっているのです。

　ガラスクラッドファイバーを作る最も簡単な方法は，屈折率の高いガラスロッドを，屈折率の低い管の中に入

れる方法です。この二つを加熱してロッド上で溶かして太いロッドを作ります。**プリフォーム**と呼ばれるこのロッドの一端を加熱して，引っ張り，細いファイバーに整形します。**図3.3**にはこの製造プロセスが描いてあります。光を伝送するためには，コアとクラッドの界面がクリーンでスムースでなくてはなりません。そのためには管に入れるロッドの表面を機械的に研磨したのでは間に合いません。見た目にはスムースな表面でも，小さなクラックや付着物などが残っていると，光が散乱されてしまい，その結果伝送損失を与えてしまいます。

　通常の光学ガラスで作ったファイバーは，1dB/m，すなわち1,000dB/kmの減衰を示します。この程度の減衰でも通信には使えません。損失の主な原因は不純物です。ガラス工場で使われる原料を知らぬ間に汚染するものとして，鉄と銅があります。このような金属不純物は可視光を吸収します。極端にきれいなガラスを作るためには，極めて純度の高いシリカから作らなければなりません。純粋のシリカは可視から1.6μmの広い波長域において吸収がありません。0.6μm（赤色）から1.6μm（赤外）の光を吸収する不純物は，鉄，銅，コバルト，ニッケル，マンガン，クロムなどの金属不純物です。これらの不純物の濃度を1ppb（10^9分の1原子）まで減らす必要があります。これを実現するには，通常のガラス製造プロセスでは不可能です。

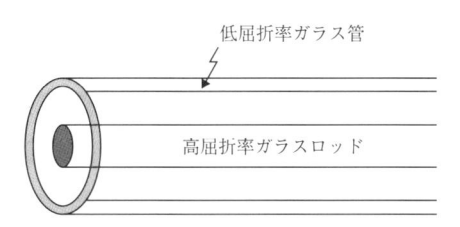

第3章 光ファイバー材料と製造法

(1) 屈折率の高いガラスロッドを屈折率の低い
ガラス管の中に入れる。

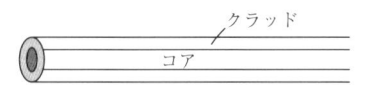

(2) 両者を融かしてプリフォームを作る。

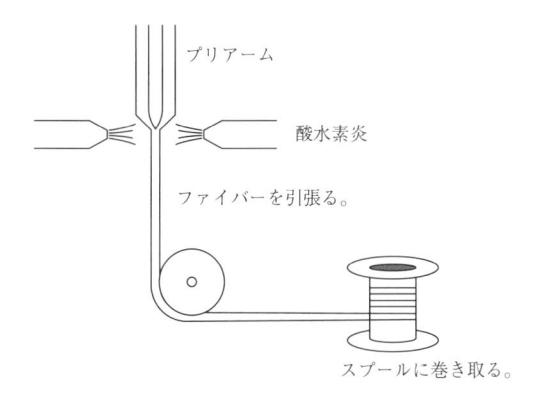

(3) プリフォームを加熱して引張ってファイバーを作る。

図3.3 光ファイバーの最も簡単な作り方

3.3 ガラスファイバー

3.3.1 シリカファイバー

　近代の通信ファイバーの出発点は，極めて純度の高い SiO_2 である**溶融シリカ**です。酸素と水素を混合させたガスを燃やす酸水素炎バーナーのなかで四塩化珪素（$SiCl_4$）を燃やし，塩素蒸気と SiO_2 を作ります。これが**スート**と呼ばれる白色のガラスです。四塩化珪素は室温において液体で，58℃で沸騰します。この性質を利用して，極めて純粋な材料を作ることができますので，この材料から作った SiO_2 も純度の高い物ができます。さらに，問題となる不純物である鉄や銅は塩素蒸気と反応して塩化物となりますが，この塩化物は原料である $SiCl_4$ よりはるかに高い融点を持っていますので，$SiCl_4$ が蒸発し酸素と反応する際に液体の中に残されます。その結果，普通の溶液化学的に作るよりもはるかに純度の高いシリカが得られ，1ppb 以下の不純物しか含まれない，極めて透明度の高いガラスファイバーを作ることができるのです。

　ところで，純粋のシリカだけでは光ファイバーはできません。光ファイバーは，屈折率の低い**クラッド**と屈折率の高い**コア**からできています。しかしながら，純粋のシリカは 1.45 程度の一様な屈折率を持っています。このシリカの屈折率を変えるために第三原子を**ドープ**します。

この第三原子を選ぶ際には，ファイバーの品質と透過率に悪い影響を与えない材料を選ばなければなりません。最も良く使われるコア用の**ドーパントはゲルマニウム（Ge）**です。この原子はシリコンと非常に良く似た性質を持っており，吸収が低いための，ドーパントとしては理想的な材料です。実際にドープするときには，シリカと同じGeO_2を使います。

　シリカの屈折率を低くするドーパントもあります。数は少ないですが。もっとも良く使われるのがフッ素（F）です。フッ素をドープして屈折率を低くしたシリカガラスをクラッドに用いることで，純粋なシリカガラスをコ

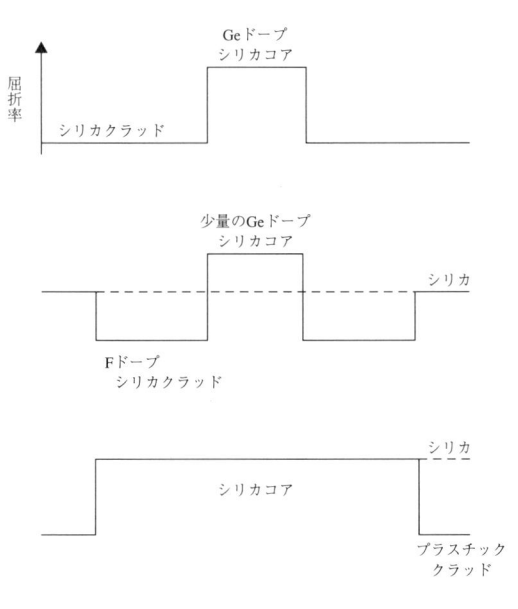

図3.4　各種ファイバーの屈折率分布

アにした光ファイバーができます。実際に，大抵の階段状の屈折率分布を持つシリカファイバーは，**図3.4**の3つに分類することができます。ゲルマニウムをドープして屈折率を高くしたコアが，純粋なシリカガラスのクラッドに囲まれている構造のもの。ドーパントの量を下げて，わずかに屈折率を高くしたコアが，屈折率を低くしたクラッドに囲まれたもの。普通は，低屈折率クラッドは，その外側を純粋なシリカガラスで囲まれている。純粋なシリカガラスコアが，屈折率の低いプラスチッククラッドに囲まれたものもあります。

3.3.2　シリカファイバー製造法

　スートを堆積させ，溶融させて最終的なプリフォームを作るための方法が重要です。そのためにいくつかの方法が考案されています。その一つが，**図3.5**にあるように，溶融シリカ管の内壁に**スート**を堆積させる方法です。この管は，外側のクラッドとなります。内部クラッド層とコア材料を内壁に堆積させるのです。このプロセスを繰り返して，多数の薄い層を堆積させます。反応ガスの種類を変えることによってスートの組成を変え，屈折率を変化させることができます。これによって，階段状の屈折率分布のものも，徐々に屈折率が変化するものも作ることができます。最後に加熱して管をプリフォームの形に仕上げます。

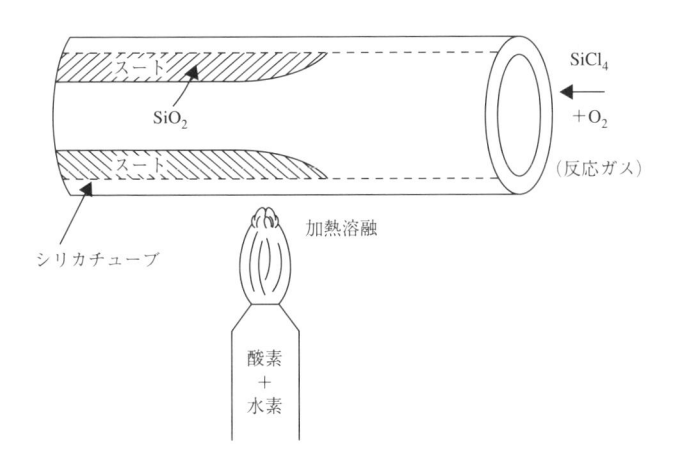

第3章　光ファイバー材料と製造法

図3.5　溶融シリカチューブ内壁へのスート堆積

　もう一つのアプローチに外側に**気相堆積法**で作り上げていく方法があります。**図3.6**に示すように回転させているセラミック製ロッドの外側にスートを堆積させます。セラミックロッドはファイバーの一部にはならず，単に基板としてはたらくことになります。ファイバーのコアとなるガラススートを最初に堆積させ，それからクラッド層を堆積させる方法です。セラミックとファイバーの熱膨張率が大きく異なることを利用して，最後に温度上げると中心のセラミックロッドは，外側に堆積させたファイバーから簡単に引き抜くことができるのです。抜けた穴は最後まで残っていますが，細いファイバーに整形する際に消えてしまいます。

　第三のアプローチは，**図3.7**にある**軸方向堆積法**と呼

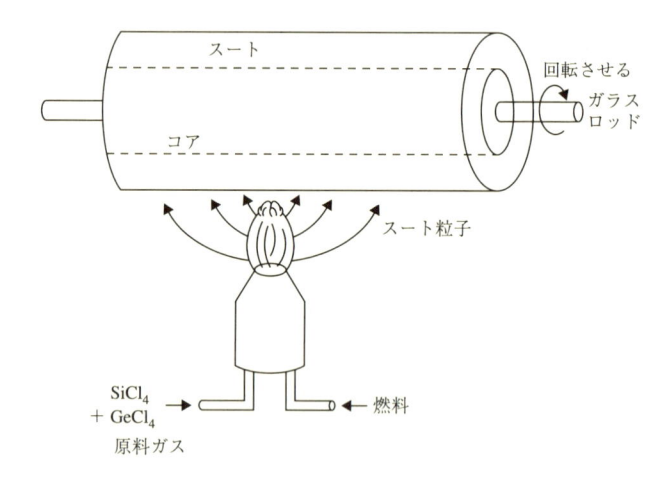

図3.6　外側に堆積させてプリフォームを作る

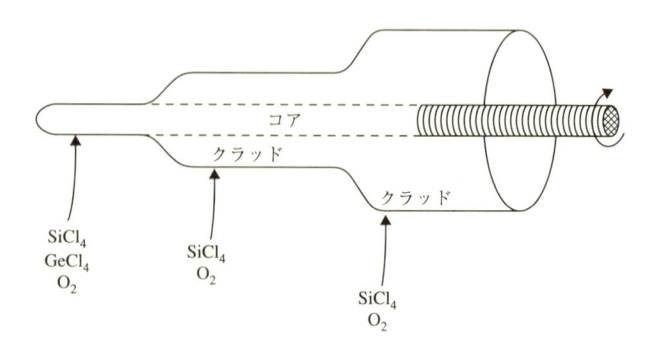

図3.7　プリフォームを作るための軸方向気相堆積法

ばれる方法です。通称，**VAD法**とも呼ばれており，最も一般的に使われている方法です。まず，純粋シリカロッドの一端にガラススートを堆積させます。この最初に堆積させたスートはコアになります。さらに軸方向に堆積させ，クラッドを作ります。この軸方向気相堆積法は，取り除く必要のあるセラミックロッドを使わないために中心の穴はないことになります。

　ファイバーを作るためには，上に書いた方法で作ったプリフォームをさらに細くしなければなりません。髪の毛ほどの細さにするためには，特殊な装置が必要です。それが**ドローイングタワー**とか線伸塔とか呼ばれるものです。タワーというくらいですので，背の高い装置です。まず，プリフォームを垂直にマウント，その底辺を加熱，軟らかくなったガラスを下方向に引っ張って作ります。この線伸プロセスによって，太いロッドから細いファイバーを作るのです。ファイバーのコアの屈折率はプリフォームの値と同じです。工業的には，ファイバーの直径をモニターする装置，保護のためのプラスチックコーティング，そして巻き取るためのスプールが必要になります。**図3.8**は実際に使われている線伸搭（ドローウイングタワー）を模式的に書いたものです。一般的なドローウイングタワーは数階の高さが有り，一度に何百kmものファイバーを作ることができるのです。

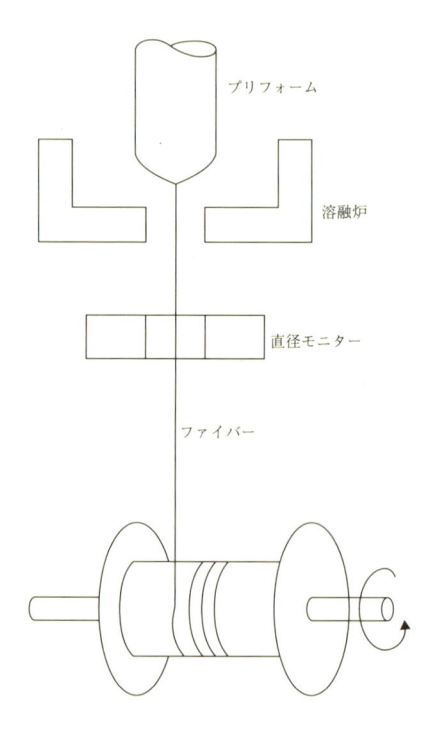

図3.8　プリフォームからのファイバー線伸法

3.3.3　種々のシリカファイバー

　長距離通信に使われているファイバーにもっともよく使われる材料はシリカです。少ない例外を除けば，コアもクラッドもシリカでできています。ドーピングの量を変えることで，屈折率を変化させています。通常，コアの部分にドーピングされたシリカを使い，クラッド部分には純粋なシリカを使うか，あるいはフッ素のように屈

折率を低くする材料をドーピングしてあります。このような基本的なファイバーデザインは，単一モードファイバーや屈折率勾配を持つ多モードファイバーに使われています。

　図3.9には典型的な減衰曲線が描いてあります。シリカコアの組成は重要なパラメータです。OH不純物をほとんど含まない低水ファイバーは近赤外の吸収が少なく，また逆にOHを多量に含むものは紫外域で少ない吸収を示します。もう一つのデザインは，コアに純粋なシリカを使い，クラッドに屈折率を低くしたシリカあるいはシリカより屈折率の低いプラスティックを使う方法があります。主に，大出力レーザー光を伝送するのに使われている，階段状の屈折率を持つコア径の大きなファイバーに使われています。こうすることで，製作が簡単になり，大きなコア部にドーピングをする必要が無くなります。

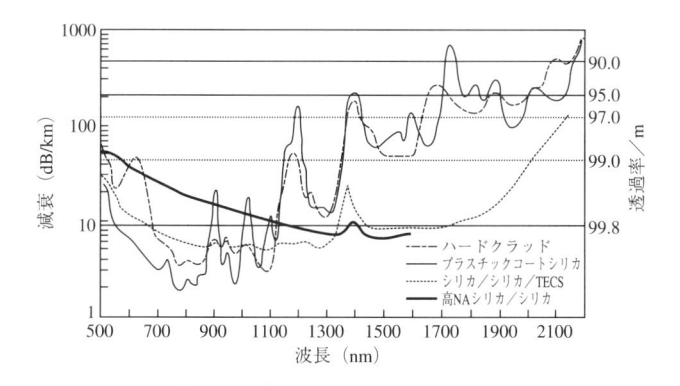

図3.9　長距離伝送用シリカファイバーのスペクトル
(J. Hecht：Understanding Fiber Optics (3rd Edition), Prentice Hall, 1999., p.114)

クラッドの外側は，50～100μmの厚さのプラスティック保護膜が付いています。大口径ステップ型ファイバーのコア径は100～1000μmの範囲にあります。口径の小さなものは近距離通信用として使われ，大口径のものはたいてい照明などに使われています。最大口径のファイバーは，レーザー光の伝送などに使われ，かなりの光パワーを伝送できますが，太い分堅くなります。たとえば，200μmコアのシリカファイバーでは0.2kWの光パワーを伝送でき，これが550μmになると1.5kWと増加します。一方，両者の最小曲げ半径は2.5倍も大きくなります。**表3.1**に，いくつかのファイバーの光学特性を書いておきました。

表3.1　大口径シリカファイバーの特性

ファイバーの種類	コア／クラッド直径［μm］	0.82μmでの減衰	0.82μmでのバンド幅	NA
シリカクラッド	100／120	5 dB/km	20 MHz-km	0.22
ハードクラッド	125／140	20 dB/km	20 MHz-km	0.48
プラスチッククラッド（OH含有量：低）	200／380	6 dB/km	20 MHz-km	0.40
プラスチッククラッド（OH含有量：高）	200／380	12 dB/km	20 MHz-km	0.40
シリカクラッド	400／500	12 dB/km	—	0.16
ハードクラッド	550／600	12 dB/km	—	0.22
シリカクラッド	1000／1250	14 dB/km	—	0.16
プラスチッククラッド（OH含有量：低）	1000／1400	8 dB/km	—	0.40

3.4　プラスチックファイバー

　軽く，安価で，フレキシブルで，取り扱いが簡単なプラスチックを材料とする光ファイバーは，シリカに比べて減衰が大きいために，注目を集めることがありませんでした。最高のものでも50 dB/km程度の減衰があります。赤色LEDを使った通信に適した650 nm波長においては，市販のプラスチックファイバーは150 dB/kmの低い減衰を示すものもあります。ガラスファイバーと異なり，**プラスチックファイバー**は短い波長領域で低い減衰を示し，近赤外で高くなる傾向があります。このような特性を持っているために，プラスチックファイバーの用途は限られてきます。光を遠くまで伝送する必要が無く，コストが重要な画像伝送とか照明などに多数のファイバーを束ねたバンドルとして使われることがあります。通信では，ビル内とか自動車などの近距離に限られてきます。プラスチックファイバーのもう一つの欠点は，温度に制限があるということです。高温で長時間の使用した場合に劣化する傾向が，温度が高くなればなるほど短時間で生じます。普通のプラスチックファイバーは85℃以上の温度では使うことはできません。したがって，たとえば自動車のエンジン付近では使えないことになります。プラスチックファイバーは，減衰が大きいので単一モード型で使うことはありません。多モードファイバーのみとなります。

プラスティックファイバーの場合，もっぱらステップ型ファイバーです。その材料は，俗称**PMMA**と呼ばれるアクリル樹脂でできています。正式名称は**ポリメチル・メタクリレート**といいます。クラッド材料には，フッ素を含む低屈折率ポリマーが使われます。コアとクラッドの屈折率差は，シリカファイバーの場合よりも大きく取ることができ，そのために開口数の大きなファイバーができます。たとえば，1.492の屈折率を持つPMMAをコアとし，1.402のクラッドの場合の開口数NAは0.47となり，通常のシリカの場合の0.2よりかなり大きな値となります。

プラスティックファイバーのコア径は85μm～3mm程度が普通です。大口径といっても，ガラスファイバーに比べると伝送できる光パワーはあまり高くないのですが，何しろ安いこと，軽いこと，そして自由に曲げることができる点は魅力です。**図3.10**に，**PMMA**ファイバーの減衰を波長に対してプロットしてあります。減衰は1mあたりのdBで書いてあります。減衰が最低の値を取るのは500 nm付近の波長で，70 dB/kmですが，通信に使われる650 nm付近ではもう少し大きな減衰を示すことになります。

ステップ型ファイバーでは，バンド幅に限界があり，そのため遠距離通信に向いていません。グレーデッド型ファイバーをプラスティックで作る試みも行われています。フッ素化したプラスティックに高屈折率材料を拡散

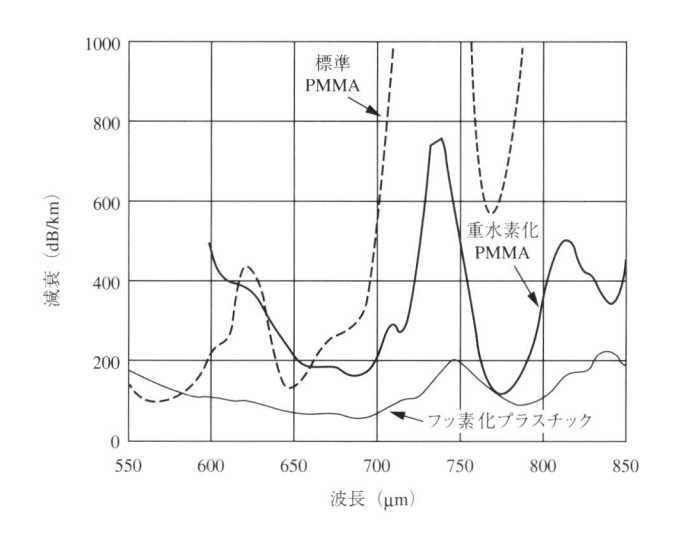

図3.10 各種プラスチックファイバーの減衰特性
(J. Hecht：Understanding Fiber Optics (3rd Edition), Prentice Hall, 1999., p.118)

させて作ります。実験室レベルでは50 dB/kmの低損失も実現されています。

プラスチックファイバーはシリカファイバーと比べて減衰が大きくなります。それは光が吸収される原因があるためです。プラスチックの場合，炭素－水素結合や炭素－酸素結合が存在することから，可視と近赤外に大きな吸収を示すようになります。これらの原因を取り除くにはプラスチックの成分を変える必要があります。フッ素を加えることで減衰を多少なりとも減らすことができます。プラスチックの成分として入っている水素（H）を，水素の同位体でちょっとばかり重い重水素（D）

で置き換えることで，50 dB/kmを目指した研究も行われています。この場合は吸収を示す波長をずらしているのです。図3.10に，水素化したもの，水素を重水素で置換したもののプラスティックファイバーの減衰特性の一例を描いてあります。でも，このようなプロセスが，安価が売り物のプラスティックファイバーに有利かどうかはわかりません。

3.5 その他の光ファイバー

3.5.1 中赤外ファイバー

長距離伝送には，シリカガラスの損失の最も少ない1.55μmが最適です。シリカファイバーの吸収には，シリカガラスの吸収によるものと，不純物や不均質性などによる散乱によるものとがあります。以下に書いてあるように，散乱による損失は波長が長くなると急激に減少しますので，できるだけ長波長のファイバーが，特に長距離伝送には適しています。一方，シリカガラスの吸収は1.6μmより長い波長で顕著になり，そのためシリカガラスを使ったファイバーは長波長伝送には使えません。シリカガラス以外のガラスでファイバーを作り，散乱損失以外の損失を減少させることができれば，0.001 dB/kmの

驚異的な夢のような低損失ファイバーも実現可能になってきます。いくつかの材料が試験されてきました。ところが，純度を上げることが難しいだけでなく，粘性の問題でファイバーに延伸するのも難しいのです。

その代表選手に**フッ化物**と**カルコゲナイド**で作ったファイバーがあります。たとえば，フッ化ジルコニア（ZrF_4）とフッ化バリウム（BaF_2）を混ぜたガラスがあります。透過曲線を**図3.11**に記してありますが，シリカガラスよりはるかに低い損失を示し，2.6μmの波長で25dB/km程度の損失になります。一方，フッ化物は吸湿性があり，湿度の管理が問題です。また，イオウやセレ

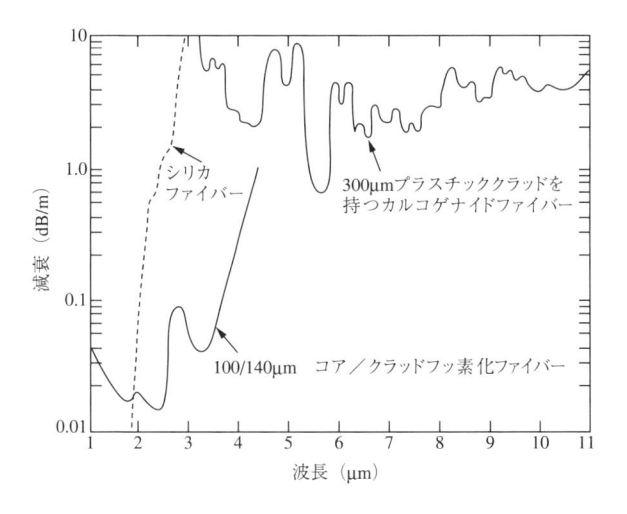

図3.11 中赤外用ファイバーの減衰特性

ンなどのカルコゲナイドを原料とするガラスも 3.3〜11μm の赤外波長域で透明です。5.5μm における損失は 0.7 dB/km 程度です。

3.5.2 中空ファイバー

今までお話ししてきたファイバーは，すべて中心にあるコア部に光を閉じ込める構造を持っていました。コアの屈折率を周辺のクラッドより高くすると，光が屈折率の高い領域に閉じ込められる性質を利用しています。そのために，使用できる光の波長域も，コアの材料で制限を受けていました。コア部を中空（空気）にすることによって，この制限を取り除くことができます。この様な構造を持つものを**中空ファイバー**と呼んでいます。この中空ファイバーは，主に赤外波長域におけるファイバーとして開発されています。この場合は，ガラスである必要はなく金属製のものもあります。金属製の中空ファイバーの場合は，反射率を高くするために内側に誘電体薄膜がコーティングされています。ガラス製中空ファイバーの場合は事情がちょっと異なります。ある材料の屈折率が 1 より小さくなる波長域が存在します。すなわち，空気のコアの屈折率がほぼ 1 ですので，周りのガラスクラッドが 1 より小さな屈折率を持っていることになります。シリカガラスは，7μm から 9.4μm の波長域においてこの条件が満足され，サファイア（Al_2O_3）は 10μm から

17μmの波長域です。この条件を満足するファイバーは，減衰内部全反射ガイドと呼ばれており，クラッドがこの波長域の光を吸収しますので，損失は1000 dB/km以上に高くなります。しかしながら，サファイア中空ファイバーは，炭酸ガスレーザーの10.6μm用のガイドに重要です。ガラスが吸収を示す短波長（真空紫外波長域）の光を伝送するための中空ファイバーも開発され始めています。

　この章では，光ファイバーとして最も広く利用されている石英ガラス（シリカ，SiO_2）の性質とファイバーの製造法についてお話ししました。中でも，VAD法は日本で開発された技術，現在ではファイバーにとってなくてはならない方法となっています。光ファイバーは，軽いこと，高速通信ができること，たくさんの情報を送ることができることなどの利点を活かして，世界中を走り回っています。プラスチックファイバーは，各家庭に引き込む場合などや航空機や自動車内と言った狭い範囲で活かされるでしょう。後でお話しするように，新しい機能を持った光ファイバーも続々と開発されていますので，ますます重要になってくるでしょう。

第4章 光ファイバーの測定と試験

　エレクトロニクスの分野において最も重要な量は電場（電界）と電流ですが，光学の分野では光あるいは光波となります。光を波と考えると，**図4.1**のように，(1) **振幅**と (2) **波長**が重要な量になります。単位時間当たりの波の数を波数といいます。振幅は，光の強度に関係する量で，光パワーとして測定されます。エレクトロニク

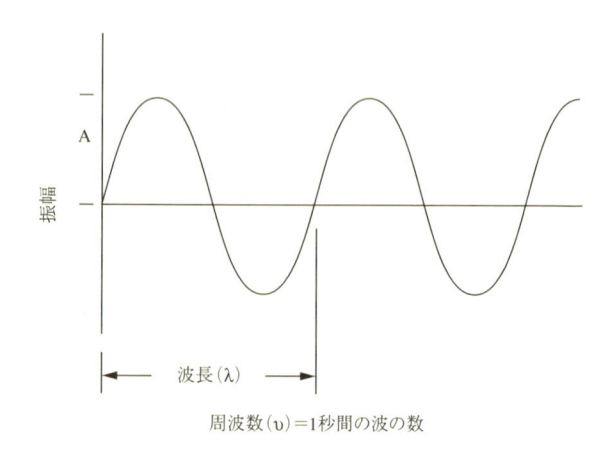

図4.1　電磁波の性質

スの世界で言えば電圧に相当することになります。光の強度は，時間，位置，波長のような他の量の関数として測定しなければ意味がありません。光学素子，材料，光源，検出器などのすべてが波長に依存しますので，波長自身も重要な量です。光波の (3) **位相**と (4) **偏光**も時には重要となる量となります。測定方法や道具についてお話しする前に，これらの概念について少しばかり勉強しておく必要があります。光ファイバーの特性を評価するには，特有の方法があります。通信関連の評価法に関しては，専門の本がたくさん出版されていますので，そちらを見てください。ここでは，一般的な光の測定と光ファイバーにとって重要なスペクトルや波長の測定についてお話しします。

4.1　光パワー

「強い光」とか「明るい光」などと言う表現をよく耳にしますが，詳しいことは知らないのが普通です。光に関する測定についてお話しする前に，どのような量を測定するのかについて考えてみましょう。われわれが知っている量は，電球の明るさを表す「**ワット (W)**」くらいでしょう。光に関する量としては，もっとたくさんの表現の仕方があるのです。**表4.1**に光のパワーに関する測定量をまとめてあります。

　電磁波が光のエネルギーを伝送している割合がパワー (P) です。それは時間とともに変化しますので，時間の関数となっています。数式で表すと，

ファイバー光学の基礎

表4.1 光のパワーに関する測定量

量と記号	意味	単位
エネルギー（Q）	光エネルギーの量	ジュール（J）
光パワー（P）	ある時刻にある点を通過する光エネルギーの流れ	ワット（W）
強度（I）	立体角あたりのパワー	W/str
照度（E）	単位面積あたりのパワー	W/cm^2
輝度（L）	単位投影面積あたり、単位立体角あたりのパワー	W/str・m^2
平均パワー	時間平均パワー	W
ピークパワー	パルスのピークパワー	W

（説明：立体角（str）＝単位の半径を持つ球面を切り取る面積で表現される、三次元空間における角度範囲を表す量。str（ステラジアン）を単位として測ります。）

$$P = \frac{dQ}{dt}$$

となります。あるいは，

$$パワー〔W〕 = \frac{d（エネルギー〔J〕）}{d（時間〔s〕）}$$

となります。パワーの単位はワットですので，単位時間あたりのエネルギーと言うこともできます。ところで，電球などのワットは「どれだけの電気エネルギーを消費するかの目安」のことであり，光のパワーとしては電気エネルギーと比べるとはるかに低い値ですので，注意してください。

光検出器は，光のパワーを電気信号に変換するものです。光検出器では，光に感度を持つ活性領域に入ってくる全パワーを測定する素子です。光ファイバーの光を伝送するコアの部分は，検出器の検出面積よりかなり小さ

いのが普通です。ファイバーを検出器に近づける限り，検出器の検出面積は十分に大きく，実質的にはすべての光が検出面に入り，電気的出力信号を出すことになります。光検出器の応答は波長によって変わるのが普通です。例えば，**シリコン検出器**は650nmから850nmの波長の光には感じますが，1300nmから1550nmの，いわゆる長距離通信に使われている光には感度を持っていません。1300nmから1550nmの光を検出するためには，**InGaAs検出器**が必要です。さらに，これらの光検出器はどの波長も同じ感度を持つわけではありません。したがって，正確に測定しようとすると，その波長に対する検出器の感度を知らなければなりません。さらに，異なる波長の光を区別して測定できません。8つのWDMチャネルのすべての信号が同一の検出器に入った場合，検出器の出力は一つ一つのチャネルの出力ではなく，全平均パワーとなるのです

　すべてのパワーを検出器に入れるのが難しいような大きな面積にわたって分布している光パワーを測るには工夫が要ります。この様な場合は，他のパラメータの方が重要となってきます。それがイラディアンスです。イラディアンスとは，単位面積当たりのパワー密度のことで，単位はW/cm^2を使います。光源が，太陽のように遠方にある点光源であるなどの，ある一定の条件を満たしていない限り，ある面積にわたって**イラディアンス（照度）**が一様に分布していると仮定することはできません。光

源からでている全パワー（P）は，面積Aにわたって集めたイラディアンスEに相当します。これを数式で表現すると，

$$P = \int E dA$$

となります。積分は，照射面積全体にわたって行います。イラディアンス（E）が全面積にわたって一様である場合，

$$P = EA$$

となります。

　一方，**強度**（I）は特別の意味を持っています。すなわち，光源が立体角の中心にあるとして，単位立体角（ステラジアン，str）当たりのパワーが強度です。これは，光がいかに速く光源から広がっていくかを表しています。強度とイラディアンスはときに間違って使われます。ある点におけるパワーとか単位面積当たりのパワーの意味で使われることがあり，注意が必要です。

　光源あるいは光ファイバーの出力が時間と共に変化する場合，測定されるパワーは時間によって異なる値を示します。パワーは，瞬時の値を意味することになります。光パルスの場合，最高のパワーの値を**ピークパワー**と呼びます（**図4.2**）。比較的長い時間（通常は数分）にわたって受信した光パワーを**平均パワー**ということもあります。

　この節の始めにあるように，エネルギーの流れを測

第4章　光ファイバーの測定と試験

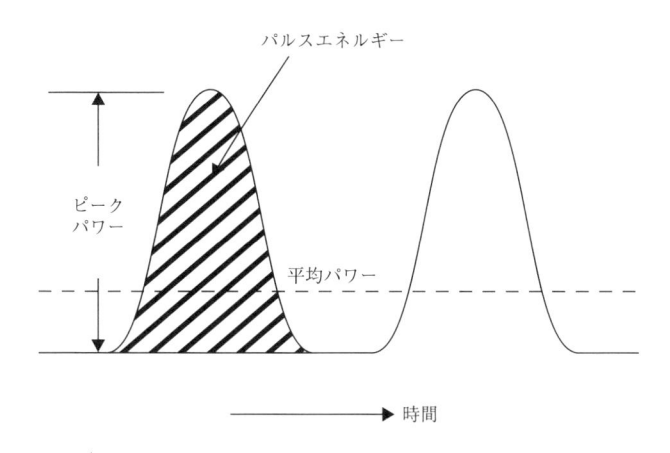

図4.2　パルスの全エネルギーとピークパワーと平均パワー

のがパワーです。大抵のファイバー光学測定では，エネルギーではなくパワーが重要となります。しかしながら，パワーとエネルギーの関係も明らかにしておく必要があります。エネルギーはジュールかワット・秒で測られます。放出される全エネルギー（Q）は，**図4.2**のパワー曲線の面積に相当し，数学的には

$$Q = \int P(t)dt$$

と書かれ，パワーを時間で積分したものに等しくなります。ここで，$P(t)$ は，時間の関数としてのパワーを表しています。時間間隔 t の間の平均パワーを P とすると，これは簡単に

$$Q = P \times t$$

と書くとができます。すなわち，t秒間続くパルスの平均パワーがPワットであり，パルスエネルギーが$Q = Pt$ジュールとなります。この近似は，パワーがパルスごとに一定である場合の，ディジタル信号を取り扱う際に便利です。この公式が示すように，各光パルスはエネルギーQを持っています。通信を扱う際には，パルスを検出できる限界が，情報を運ぶのに必要な最低限のパルスエネルギーを与えます。また，高度な実験室で測定する場合と，実際のファイバー光学システムで測定する場合は，おのずと測定できるパワーにも差があることは認識しておかなければいけません。

　光を扱っているとき，ときとして**光子**あるいは**フォトン**という言葉が出てきます。光エネルギーの粒（光量子）のことです。フォトンのエネルギーは周波数によって決まります。プランクの法則を使えば，フォトンの持つエネルギーEは

$$E = h\nu$$

と書くことができます。ここで，hは**プランクの定数**と呼ばれる量で，6.63×10^{-34} J·s（あるいは，4.14eV·s）の値を持っています。周波数が光速を波長で割ったものだと言いましたので，フォトンのエネルギーは

$$E[\text{eV}] = \text{h}c / \lambda = 1.204 / \lambda \ [\mu\text{m}]$$

と書くこともできます。周波数が高くなれば波長が短くなり，フォトンエネルギーも高くなります。全エネルギーは，ある点を通過するフォトンの数とフォトンエネルギーを掛けたものに等しくなります。また，パワーはエネルギーを時間で割ったものです。

　光や他の形態の電磁波の場合，パワーは電磁波振幅（A）の二乗に比例します。電磁波の振幅とは，電場のことを意味しています。電気の世界で，電力（電気パワー）が抵抗（R）の両端の電圧の振幅の二乗に比例することを思い起こせば，光パワーも電気パワーも，同じものを違う面からみているのに過ぎません。光子のエネルギーは周波数によって決まるのに対して，電子の持つエネルギーは電圧によって変わります。でも，実際はこれらの複雑な量を扱うわけではありません。光の場合，直接測定する量は光パワーです。電気の場合は，電圧と電流を測ってそれらの積でパワーとなるの違い，光パワーは直接測ることができるのです。

　いろいろな形式の光パワーを測定する話をする前に，測定の際に混乱する可能性のある点について勉強しておきましょう。電気の測定の場合は電圧と電流を使って，デシベルパワー比を次のように定義します。

$$\text{パワー比}[\text{dB}] = 20 \cdot \log(V_1 / V_2) = 20 \cdot \log(I_1 / I_2)$$

ここで，VとIは電圧と電流のことです。P_1とP_2のパワーに対してパワー比をデシベル単位で定義することもできます。

$$\text{パワー比}[\text{dB}] = 10 \cdot \log(P_1/P_2)$$

電圧や電流の場合と，対数の前の係数が違うのは，電力（電気パワー）が電圧（あるいは，電流）の二乗に比例するからです。電気の場合は，電圧ないしは電流を測定するので，それらの量を使ってパワー比を求めようとすると，電圧ないしは電流の比の対数を取り，その20倍がパワー比になります。一方，光の場合は，パワーを直接測るので，その比の対数の10倍がパワー比［dB］になります。

　第二の混乱する点は，光パワーを表現する際，いくつかの違うように見える単位を使う点にあります。通常は，ワット［W］かあるいはワットにキロ［k］，ミリ［m］，マイクロ［μ］，ナノ［n］，などの接頭語を付けたワットでパワーを測ります。ときには，光の減衰を表すために，パワー比を使うのが便利なこともあります。デシベル［dB］は，メートルやワットと異なり，単位ではありません。したがって，直接測ることはできないことになります。あるレベルに対するパワー比で表すものです。1mWとか1μWに対するパワーで表すのが普通です。1mWに対するパワーデシベルがdB・mであり，1μWに対するパワーレベルがdB・μ，という具合です。また，

パワー比は，必ずしも正の値を持つとは限りません。負の数値は，基準より低いことを示しており，正の数値は基準より高いことを示しています。例えば，＋10 dB・mとは，10 mWのことであり，－10 dB・mとは，0.1 mWのことを意味しているのです。

　このような測定の話をしておくと，システム設計について議論をするときに非常に便利になります。例えば，1mWの光源を使い，3 dBの結合損失でファイバーに入力し，ファイバー内で10 dBの損失があり，3つのコネクターで各々1 dBの損失があるとします。1 mWを0 dBmに変換することで，最終パワーを

初期パワー	0.0 [dB・m]
ファイバー結合損失	－ 3.0 [dB]
ファイバー損失	－10.0 [dB]
コネクター損失	－ 3.0 [dB]
最終パワー	－16.0 [dB・m]

で，計算することができます。こうして得られた－16 [dB・m]をパワーに戻せば，最終的に0.025mWのパワーが得られることになります。

4.2　光波

　光に関しては，パワーなどの量とともに，波である特

性に関する量も必要になります。波は**図4.1**のように描くことができます。波を表すためには，振幅（A），波長（λ），周波数（ν）等の量が必要です。ここで，周波数とは，1秒あたりの波の数を意味しており，光速cを使って，

$$\lambda = c/\nu = 3 \times 10^8 /\nu$$

の関係があります。また，光の量と波の量との関係について見てみると，パワーは電磁波の振幅（A）の自乗に比例する量です。

　光を波として考える場合，振幅とともに重要な量が**位相**です。正弦波で考えた場合，波は0°から360°（あるいは，2π）のサイクルを描きます。波の位相は，波の起点を決める量です。波の性質と一つに「干渉」があります。位相はこの干渉に密接に関係するのです。たとえば，**図4.3**のように，2つの同じ波があったとしましょう。左の図の場合は，2つの波を足し算すると，山と山が重なり合って，2倍の高さになり，一方，谷と谷が重なり合って，2倍の深さの谷になります。2つの波の重なりを図で書くと左下のようになります。この場合を，正の干渉とよび，最初の2つの波の位相が同じであり，「**同相**」にあったと言います。一方，右図の場合は，山と谷が重なりますので，重ね合わせると，右下のように「ゼロ」になってしまいます。この場合，2つの波の位相は180°だけ異なっており，「**逆相**」にあったと言います。すなわち，

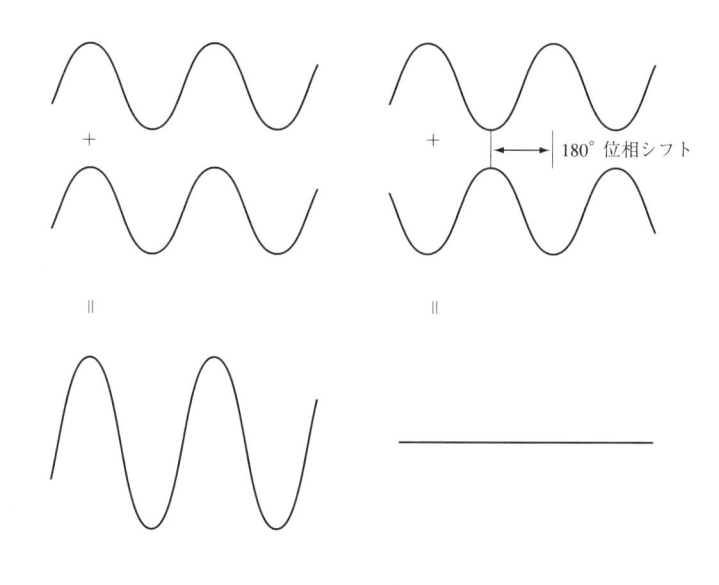

図 4.3

位相は0°から360°までの角度で表します。0°ないしは360°だけ位相が異なる波は「同相」にあり、その半分の180°だけ位相が異なる場合は「逆相」にあると言うわけです。このような位相を測定するには、基準となる波が必要になります。すなわち、基準の波の位相に対する値として表現されます。この図で、上の波の、下の波に対する位相を測定するには、2つの波がある点で同時に到着するようにしておき、その点における震幅を測定します。もし、振幅が2倍になった波が観測されたら、2つの波が同相にあったことがわかります。一方、振幅がゼロ

の波が観測された場合，逆相，すなわち180°だけ異なる位相を持った波であることが分かります。

　波としては，**偏光**も重要な量です。光を含む電磁波は，振動する電場と磁場が常に直交しながら伝搬しています。偏光とは，波の「かたより」のことですが，光の場合は電場の方向を指します。電場が一つの平面内で振動している場合を「直線偏光（場合によっては，平面偏光）」と言い，電場の方向が，伝搬と共に回転する場合を「楕円偏光」とか「円偏光」と言います。偏光方向は「偏光子」と呼ばれる素子を使って測定できます。偏光子とは，ある一方向の電場のみを通過させ，それと直交する電場を全く通過させない性質を持った素子のことです。楕円偏光を偏光子を通して観測すると，もとの振幅の何分の一かの小さな値だけが観測されます。直線偏光の光を偏光子を通して観測すると，電場の方向と偏光子の方向が一致する場合に，最大強度が観測され，偏光子を回転して電場の方向と直交する場合に，ゼロの強度が観測されます。光ファイバーの場合，偏光が極めて重要になってきます。偏光に敏感な光ファイバーでは，ある方向の偏光を持つ波に対する減衰と，それと直交する偏光の波に対する減衰が異なることになります。さらには，偏光状態を維持しながら伝搬できるファイバーも存在します。偏光と伝搬については別の章に譲ることにしましょう。

4.3 スペクトルアナライザー

　光スペクトルアナライザーは，波長の関数として光パワーを測定することです。光源のスペクトルはファイバー光学通信システムにおいて，最も重要なパラメータの一つです。たとえば，ファイバー内では波長分散（色分散）が発生し，これがシステムの変調可能範囲を制限しているのです。この波長分散の影響は，ディジタル波形のパルス広がりとして時間領域において見ることができます。このような波長分散は光源のスペクトル幅の関数ですので，高速通信システムを構築するためには，できるだけスペクトル幅が狭い方が望ましいことになります。波長領域多重化（WDM）システムの普及が，光スペクトルの測定を加速した経緯があり，WDMがまた，光スペクトル解析を通信ネットワーク構築にとってのキー測定技術に押し上げた結果になりました。

4.3.1　干渉フィルター　　　スペクトルアナライザー

　図4.4に，光スペクトルアナライザー（OSA）で測定したスペクトルの例を示してあります。Fabry-Perot（FP：ファブリーペロー）レーザーの出力パワーを波長の関数として表示してあります。FPレーザーは，20nmの波長範囲にわたって大きなエネルギーを持つ一連の縦

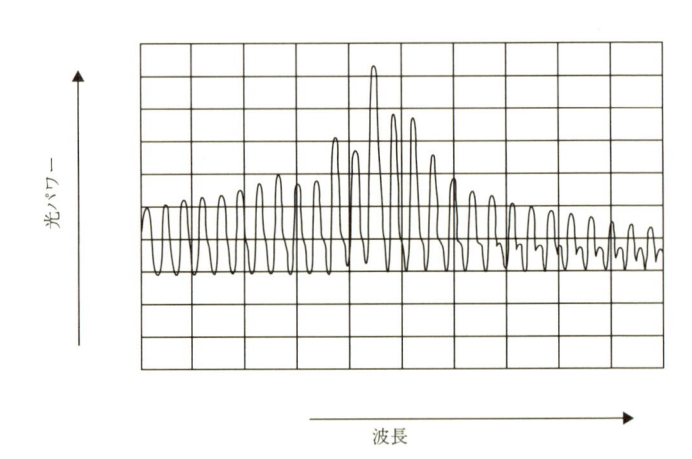

図4.4 ファブリーペローレーザーの光学スペクトルアナライザー測定の一例
(D.Derickson, Fiber Optics Test and Measurement, Prentice-Hall, 1998, p.88)

モードを出力しています。この図では，−55dBの装置感度と0.2nmの装置フィルターバンド幅を使って測定した結果を示してあります。縦モードの間隔とパワー分布のこのデータを見ますと，このレーザーの長さとコヒーレンス特性を知ることができます。

　この節では，回折格子の光フィルターを使ったスペクトルアナライザー（通称，スペアナ）の一般論についてお話しします。簡単なOSAの構成を**図4.5**に示してあります。入射した光は波長可変の光学フィルターを通り，個々の波長成分に分けられます。各波長成分に分けられた光は検出器に入り，入射した光パワーに相当する電流信号として取り出すことができる仕組みになっています。

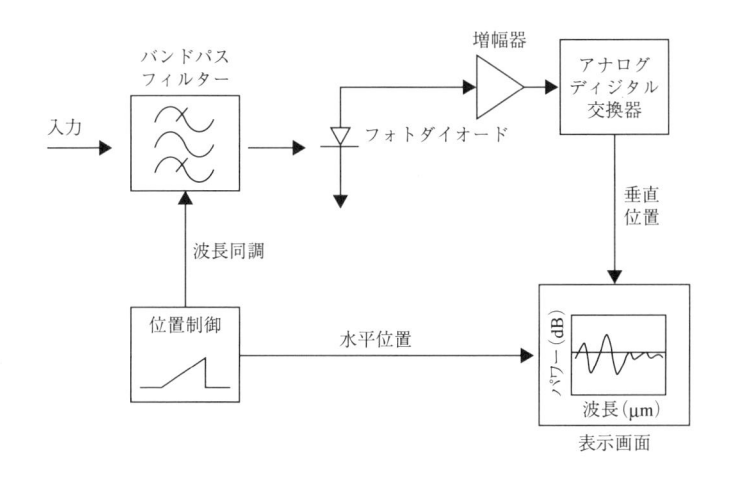

第4章　光ファイバーの測定と試験

図4.5　OSAの構成

　光検出器の出力は電流—電圧変換器を通して電圧に変換された後，ディジタル化されます。その信号は表示装置の縦軸ないしはパワー軸にプロットされることになります。水平方向の走引は，ノコギリ波を利用して行います。このノコギリ波でフィルターの中心周波数を変化させ，表示の横軸にするのです。スペクトルアナライザーの最も基本的な機能は，入射光を波長に分ける作業です。その波長に分ける作業行う素子に，干渉フィルターと回折格子を使う方法があります。もっと精密に波長に分けるには，干渉計が使われますが，その話は次の節に譲ることにします。

　図4.6に示す**ファブリー・ペロー干渉計**は2つの高反射

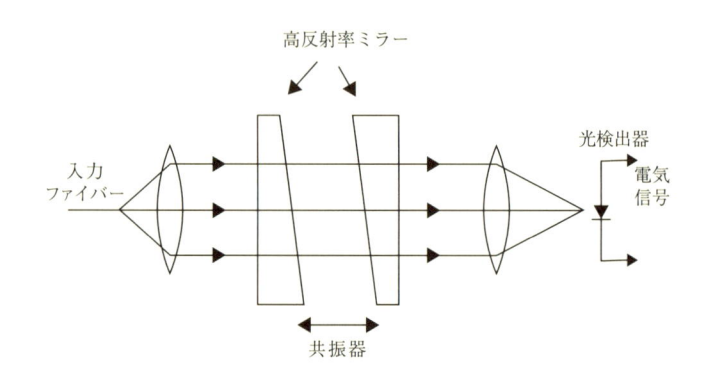

図4.6　ファブリーペロー干渉計を用いたOSA

率を持つ平行ミラーでできています。このミラーは，入射光に対するフィルターとしてはたらく共鳴共振器です。FP干渉計の分解能は，ミラーの反射率とミラー間隔によって決まります。ミラー間隔を調節するか，あるいは干渉計を入射光に対して回転させることによって，波長同調を実行できるのです。FP干渉計の再大の利点は，スペクトル分解能が高いことと，装置が簡単なことです。反対に，大きな欠点は，フィルターが繰り返し動作の通過形式のものであることにあります。この通過帯の間隔は自由スペクトルレンジと呼ばれています。もしこのミラーが，非常に離れた間隔を持っていると，非常に高い分解能が得られることになりますが，一方，自由スペクトルレンジは狭くなってしまいます。この問題は，干渉計の自由スペクトルレンジ外の出力を除外するために，

FP干渉計と第二フィルターを接続することで解決できます。FPフィルターは，干渉効果を利用したものですが，2枚のミラーの間隔を2Lとすると，波長がλの光が往復したときに，互いに強め合う条件は，

$$2L = N\lambda / n$$

で与えられます。ここで，nはミラー間の材料の屈折率です。今の場合，空気ですので，$n=1$になります。この条件に一致する波長の光だけがこのFPフィルターを通過できることになります。ミラー間隔を調節することによって，通過する光の波長を選択できるのです。ミラー間隔を変えて，通過してくる光の波長を選択し，その波長の光の強度を測定すれば，波長に対する光強度分布が分かります。これがFP干渉フィルターを使ったOSAです。

4.3.2　回折格子スペクトルアナライザー

　光学フィルターとして**回折格子**を用いたスペクトルアナラーザーもあります。**図4.7**に，その構成を示してあります。モノクロメータでは，ミラーの表面に微細な間隔の凹凸を作った回折格子によって，光の異なる波長が分離されることになります。回折された光は波長に比例する角度で反射されます。この結果は，太陽の光をプリズムを通すと虹ができるのと同じです。光通信に使われ

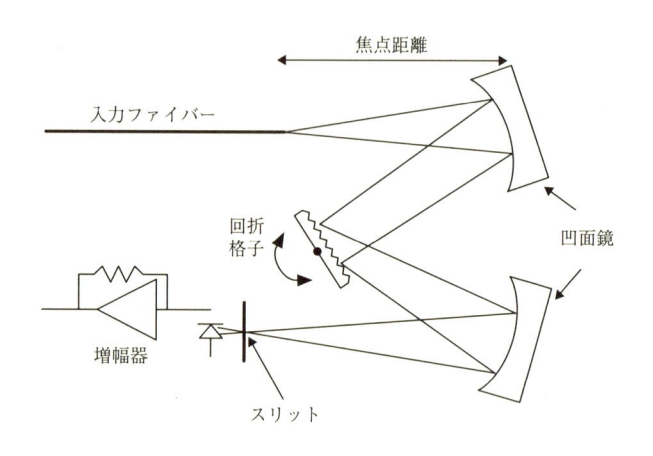

図 4.7

る，波長が1μmから2μmの赤外光に対しては，ガラスの分散（屈折率の波長依存性）が小さく，波長を分けるのにプリズムは適していません。その代わりに回折格子が使われます。回折格子ないしはグレーティングは，モノクロメータの心臓部です。回折格子は波長に比例した角度に光を反射させる機能を持っています。プリズムも同じ働きをします。太陽の光をプリズムを通して見ると，七色に分かれて見えますが，色は波長の違いを意味しますので，波長の違う光を異なる角度に分けているのです。プリズムは，透明な材料を選ばなくてはならないことと，波長の精度を上げるためには巨大なプリズムを使わなくてはなりません。こんなプリズムを使うと重くなりすぎます。回折格子だと，薄くできますので，軽くできるの

です。光が回折格子に入射する角度を変えることによって同調，すなわち特定の波長の光だけを反射させることができます。回折格子は，基板上に周期的な起伏をもつコーティングを施したものです。この起伏を「ライン」とか「グルーブ」と呼んでいます。

　回折格子のはたらきは，光が回折格子の反射ラインに入射することから始まります。回折格子の各ラインが，光をある角度範囲に反射します。

　回折格子の一般的な公式は

$$n\lambda = d(\sin\beta - \sin\alpha)$$

で与えられます。λは光の波長，dは回折格子のライン間隔，αは回折格子の表面に垂直な方向から測った光の入射角，βは反射光の角度です。nは整数で，スペクトルの次数と呼ばれる量です。**図4.8**に，2つのラインから反射された光を描いてあります。回折光線がお互いに位相の違う一つの波長の光の場合，回折光線は一次です。位相の異なる2つの波長の光線が干渉しあうとき，このスペクトルは2次になります。もっと高次の回折も存在します。**図4.9**に，回折次数を描いてあります。最初の反射光はゼロ次（$n = 0$）光線です。ゼロ次の光線は，回折格子の表面に入射した角度と同じ角度で反射されます。ゼロ次の反射光線は，異なる波長に分離されませんので，OSAに使われることはありません。

ファイバー光学の基礎

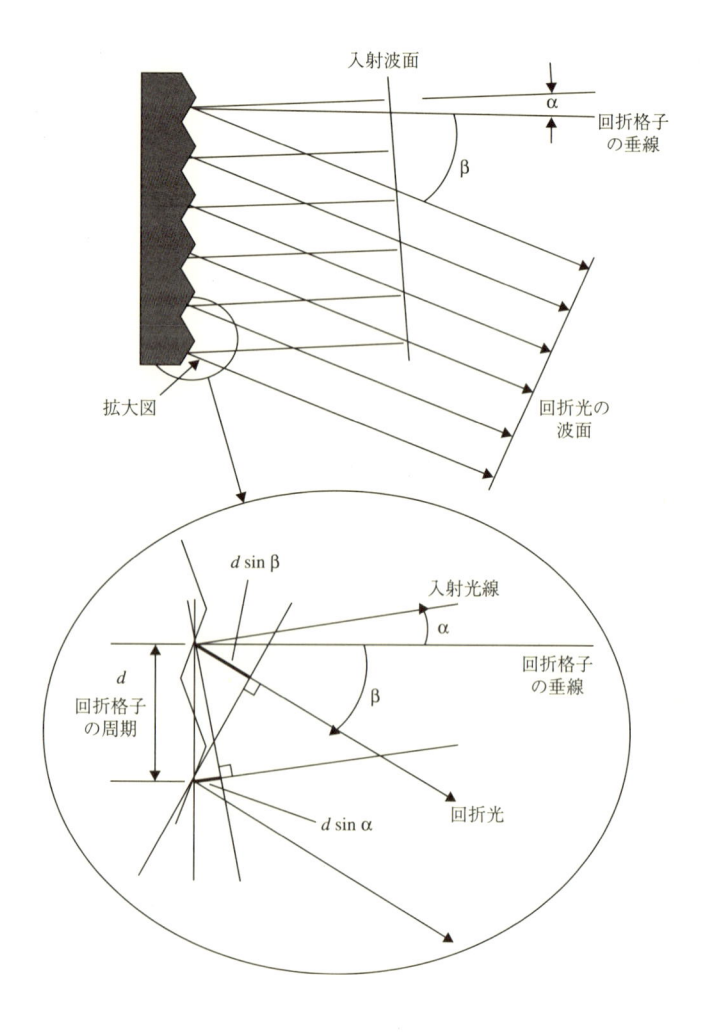

図4.8　回折格子

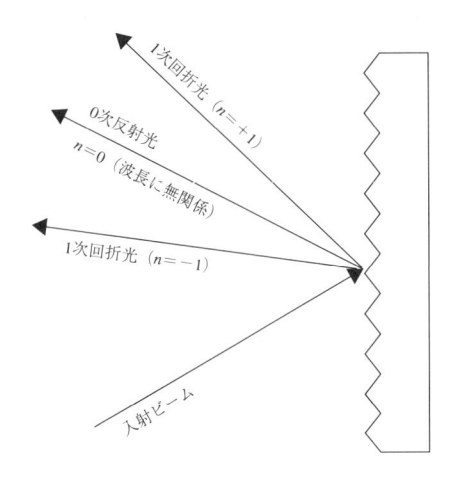

第4章 光ファイバーの測定と試験

図4.9 回折ビーム

4.4 波長計

4.4.1 波長について

　前節では一般的な光学スペクトルアナライザー（OSA）についてお話ししました。主に，波長フィルターを使ったOSAです。そこで，本節では，光学スペクトルアナライザーのもう一つの形の，**波長計**についてお話しします。波長計は，波長に対する振幅を測るものですが，この点では光学スペクトルアナライザーと同じことです。違う点は，波長測定の精度です。

　通常，波長はおおよその値を使っています。例えば，

1550nmなどです。ところが，光通信の世界では，このようなおおよその数字ではすみません。また，波長が材料の屈折率によって変化することも考えなくてはならないのです。一方，材料が変わろうとも，周波数は変化しません。したがって，WDMシステムなどでは，材料によらない周波数によって話をする方が便利なのです。真空中の光の波長は，光の速度を周波数で割った値

$$\lambda = c/v$$

となります。しかしながら，この方程式は真空でだけ正しいのですが，光が**屈折率**がnの材料の中を通過しているとすると，材料の中での波長は

$$\lambda = c/nv$$

となり，波長が$1/n$に減少することになるのです。

例を挙げてみましょう。空気の屈折率として1，光速として300,000 km/sを使って，WDMシステムの標準である193.1 THzに相当する波長を計算してみましょう。おおよその数字を使った場合，

$$\lambda = 3 \times 10^8 / (1 \times (193.1 \times 10^{12})) = 1553.6 \text{nm}$$

となります。もし，正確な数値を使うと

$$\lambda = 2.997925 \times 10^8 / (1.000273 \times (193.1 \times 10^{12}))$$
$$= 1552.1 \text{nm}$$

となります。差はわずかに0.1％ですが，100 GHzの周波数スロット内の2つの周波数シフトに相当するのです。したがって，正確な数値を使わなくてはなりません。また，材料によらない数字として，周波数を使うことになりますが，正確な数値を使って波長に変換できるようにすることも重要です。

ところで，回折格子を使ったOSAでは，1550nmにおける絶対波長精度は±0.1nmですが，波長計の場合，この精度は±0.001nmとなり，ほぼ100倍も高精度で波長を測ることができるのです。それでは，このように高精度で波長を測る必要があるのでしょうか。その例を挙げてみましょう。

1. 波長分割通信システム（WDM）に使用する分布帰還型（DFB）レーザーの長時間波長変動を調べる必要があります。DFBレーザーは，25年間に0.1nm以下の波長変動を保証しなければなりません。
2. ファイバーブラッググレーティング（FBG）に対する波長分解挿入損失を測定する場合に，波長同調レーザーを使う必要があります。FBGは挿入損失を持っており，透過や反射波長帯のすその部分に急速な変化を与えることになります。波長同調レーザーは0.001nm以下の周波数ステップを持っていますが，ステップサイズは必ずしも線形というわけではありません。1550nmの波長において1pmの波長精度は，周波数でいうと百万分の0.64の精度が必要となります。

波長計は，波長同調レーザーの波長ステップを校正するのに使われます。
3. 色収差を測定する場合，波長の関数として群速度の勾配を測定する必要があります。分散補償器のような素子のゼロ分散波長を，0.1 nmの精度で知る必要があるのです。分散の場合，群速度の波長勾配が必要で，相対的波長ステップの制度が要求されます。
4. 波長領域多重化（WDM）を使った通信システムにおいては，波長，パワー，信号対雑音比の測定精度が重要です。通常のWDMチャネル間隔は100 GHz（1550 nmで0.8 nm）です。これに使用するレーザーは，温度同調法を用いて各チャネルの中心波長に正確に同調させなければなりません。これには0.05 nm以上の波長安定性が必要となるのです。波長計で測定したデータを使って，WDMシステムにおける信号の波長と振幅を安定化させる必要があります。

4.4.2　マイケルソン干渉計波長計

正確に，しかも精度良く波長を測定するには，普通，干渉縞計数法が最も一般的です。**図4.10**に**マイケルソン干渉計**の原理を描いてあります。入射信号は，ビームスプリッターによって2つの光ビームに分けられます。両方の光ビームは，入ってきた光を100％反射させて，ビームスプリッターの方に戻します。戻ってきた光ビームの

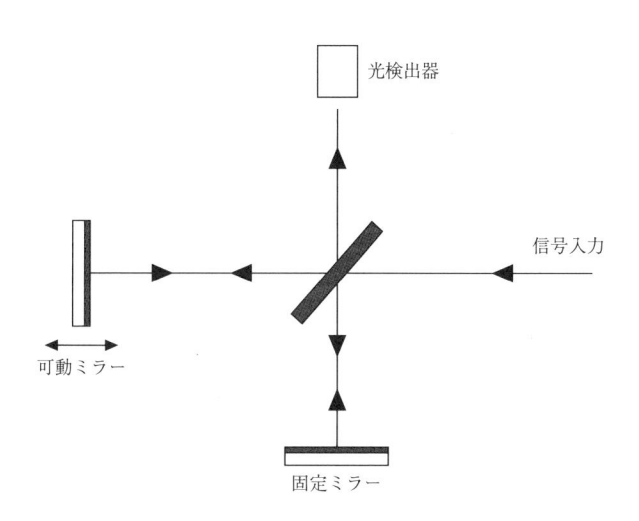

図4.10　マイケルソン干渉計

　一部は検出器に入り，残りは入射光の方向に戻されます。2つある反射ミラーの1つは，固定されていますが，もう1つは移動できるようになっています。可動ミラーを動かすと，ビームスプリッターに到達する光が正ないしは負の干渉する結果，検出器で測定する光の強度は振動することになります。すなわち，2つの光ビームの光路差が光の波長の整数倍に等しいときには検出される光の強度は最大となり，逆に光路差が波長の整数倍プラス半波長に等しいとき，光強度は最低になります。この干渉パターンを解析することによって光の波長を計算するのです。

　2つの反射ミラーから反射された光はビームスプリッターで重ね合わされて干渉し，検出器に入ります。干渉

計の検出器が発生する光電流は

$$I(\Delta L) = 1 + \cos((2\pi\Delta L)/\lambda_u)$$

と書くことができます。光検出器の光電流がIで，干渉計の2つの光路の光路差をΔL，干渉計に入射させた光の波長をλ_uとします。波長は，干渉計の内部の媒質（通常は空気）中での値であり，未知のものとします。光路差ΔLは，可動反射ミラーの移動距離の2倍の値になります。光路差ΔLが，干渉計の媒質中の波長の整数倍に等しい場合，光は加算的に干渉します。この場合は，干渉計に入射した光は，全部検出器にはいることになります。一方，光路差が波長の整数倍＋半波長に等しい場合，光は減算的に干渉します。この場合は，入射した光はすべて入射方向の戻ることになり，検出器には光が到達しません。

　波長計の測定測定動作では，可動反射ミラーを動かします。図4.11に，1550nmのDFBレーザーに対する走査干渉出力を示してあります。同図（b）に，OSAで測定したこのレーザーのスペクトルを示してあります。ここでは25μmの光路差の干渉図形しか表示してありませんが，スペクトル幅が狭いこのようなレーザーの場合は数mにおよぶ光路差に対して同様の干渉図形を観測することができます。一方，図4.12に，1550nmのLEDから測定した干渉図形を示してあります。同図（b）にはスペクトルが示してありますが，スペクトル幅が広いことがわかります。干渉図形は，先ほどのDFBレーザーと異なり，

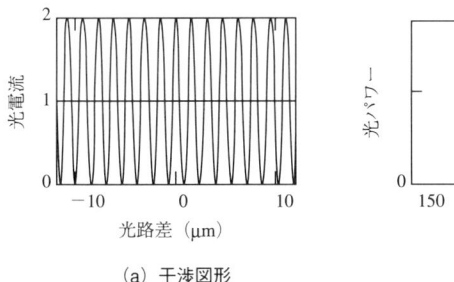

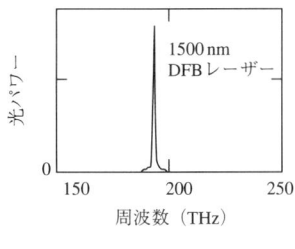

第4章　光ファイバーの測定と試験

(a) 干渉図形

(b) 光スペクトル

図4.11　1500nm DFBレーザーの干渉図形と光スペクトル
(Dennis Derickson : Fiber Optics - Test and Measurement - 、Prentice-Hall, 1998、p.135)

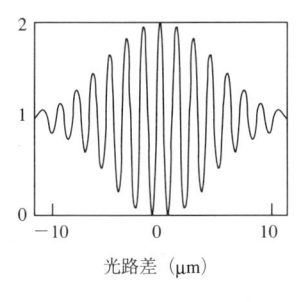

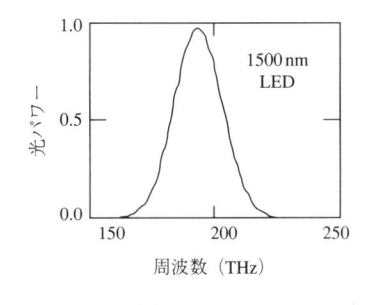

(a) 干渉図形

(b) 光スペクトル

図4.12　1500nm LEDの干渉図形とその光スペクトル
(Dennis Derickson : Fiber Optics - Test and Measurement - 、Prentice-Hall, 1998、p.137)

ゼロ光路差近辺でのみ強い干渉図形が現れていることがわかります。両者の差は光源のコヒーレンスに起因しているのです。DFBレーザーの場合，光検出器に到達する2つの信号は，広範囲に可動ミラーを動かしても強い干渉性を維持しているのに比べ，LEDの場合は光路差の増大に伴って2つの信号間の位相関係が無秩序になってく

るのです。この位相関係の無秩序性は，スペクトル幅が広いことによって光源の波長が決まらないことによるものなのです。図4.10と図4.11では，マイケルソン干渉計がスペクトル幅の狭い信号と広い信号を区別できることを述べました。干渉図形における完全に加算的な干渉と完全に減算的な干渉の度合いは「フリンジの可視性」によって表現できます。図4.11のLEDの場合のように，ゼロ光路差長から離れたところではフリンジ可視性は悪くなります。

ここで，コヒーレンスと信号のスペクトル幅の関係について考えましょう。線幅，スペクトル幅，コヒーレンス長，コヒーレンス時間などの述語は，いずれも信号の同じ基本的な性質を表す言葉です。信号のコヒーレンス長を図4.10と図4.11の干渉図形から計算してみましょう。コヒーレンス長L_cは，コヒーレンス関数が最大値の1/eに落ちる距離として定義されます。コヒーレンス時間τ_cは，コヒーレンス長を伝搬するのに必要な時間です。

$$\tau_c = L_c / 速度$$

信号のスペクトル幅（最大値の半分の値における全幅）$\delta f_{1/2}$（GHz）もまた，コヒーレンス長とコヒーレンス時間と関係があります。

$$\delta f_{1/2} = 1 / (\pi \tau_c)$$

DFBレーザーは，波長がきっちりと決まっており，した

がってコヒーレンスの高い信号だと言うことができます。一方，LEDは中心波長がきっちりとは決まっていないことから，コヒーレントでない光と言うことができます。**図4.11**のLEDの測定結果を基に，50nm（6THz）のスペクトル幅からコヒーレンス長は16μm，コヒーレンス時間は0.06psと計算できます。DFBレーザーに対して同様の計算を行うと，線幅が10MHzであるので，コヒーレンス長は10m，コヒーレンス時間は32nsになります。このように長いコヒーレンス長を直接測定できるマイケルソン干渉計を作ることはできません。

次に，干渉図形から波長を計算する方法について考えましょう。**図4.11**や**図4.12**の干渉図形のピーク間距離から波長がわかります。干渉計が真空中に置かれている場合は真空中での波長$\lambda_{真空中}$が測定でき，干渉計を空気中に置いた場合は空気中での波長$\lambda_{空気中}$が測定できます。干渉計の中の可動ミラーの位置を正確に測定できたと仮定すると，ΔLが既知変量となります。波長の測定には，可動ミラーを一定距離だけ動かしたときに検出器に現れるフリンジの数をかぞえます。ミラーの移動距離がΔx，光路長の変化分が$\Delta L = 2\Delta x$となります。フリンジの数がNとすると，干渉計に入射した光の波長は，

$$\lambda_u = (\Delta L / N)$$

となります。くれぐれも，干渉計を利用して波長を測定する場合は，

1. 可動ミラーの位置を正確に測定すること。
2. 干渉計が置かれている雰囲気（空気中とか真空中など）を正確に知っていること。

が，重要となります。

マイケルソン干渉計では，可動ミラーを一定速度で移動させます。その際，**ドップラーシフト**と呼ばれる量だけが周波数が変化する現象があります。ドップラーシフトとは，たとえば，花火の音を聞くときに，じっと静止して聞いているときの音と，移動しながら聞いているときの音が異なる現象のことです。可動ミラーの速度をv_m，信号光の周波数をf_u，光速をv_iとすると，ドップラーシフトΔfは

$$\Delta f = (2 v_m f_u / (v_i))$$

で与えられます。だいたいの大きさを計算してみましょう。193.5 THz（1550nm）の中心周波数に対して可動ミラーの移動速度が1.5m/sであるとき，ドップラーシフトは1.93 MHzとなります。可動ミラーが光源に近づく際には，193.5 THz ＋ 1.93 MHzと，実際の周波数より高く測定されます。可動ミラーが光源より遠ざかる際には，この逆で，193.5 THz － 1.93 MHzと，実際の周波数より低く測定されるのです。

マイケルソン干渉計を使って波長を正確に測定するためには，可動ミラーの正確な位置ないしは，移動速度と周期の測定が不可欠であるとお話ししてきました。ここ

では，その方法について考えてみましょう。

波長が正確にわかっているレーザーを使います。そのレーザーの波長を$\lambda_{既知}$としましょう。すると，前の式は

$$\Delta L = \lambda_{既知} \cdot N$$

と書けます。そこで，波長が正確にわかっているレーザーを参照光とし，測定しようとするレーザーを測定光とします。同じ干渉計の中を，全く同一の距離を2つのレーザーが伝搬するようにしておき，2つの干渉フリンジを測定します。その結果の例を**図4.13**に描いてあります。このようにすれば，既知のレーザーを使って干渉計を解析することも可能です。

その際，注意しなければならない点は，干渉計の環境媒質の屈折率が波長によって変わることです。屈折率を考慮に入れた場合の，波長を計算する式は

$$\lambda_u = (N_r / N_u)\ (n_u / n_r) \lambda_r$$

と書けます。ここで，添え字のrが付いているのは，波長がわかっている参照レーザーの値で，uがついているのは，測定しようとしているレーザーの値です。なお，環境が空気であれば，空気の屈折率の波長による変化は正確に測定されていますので，その値を使うことが可能です。なお，参照用に使うレーザーの例を表に挙げておきます。

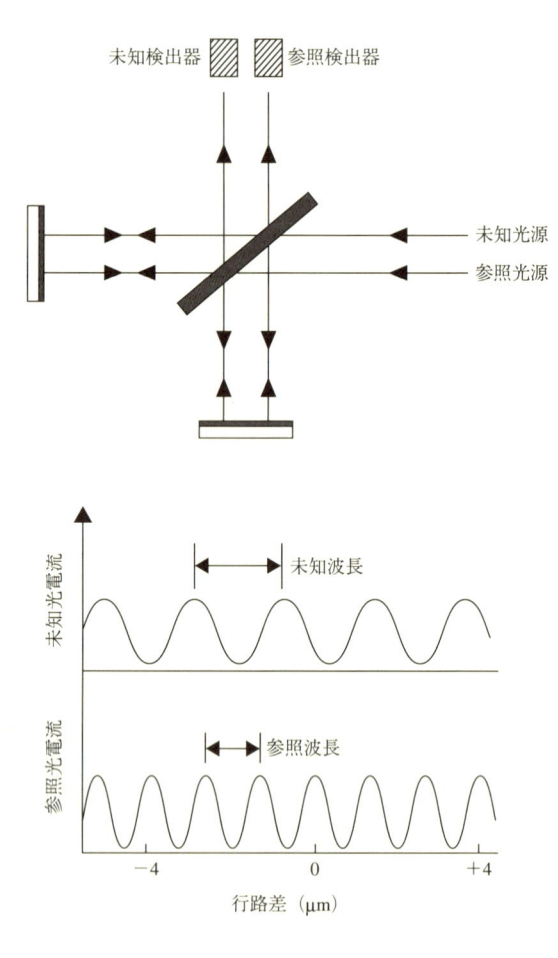

図4.13　マイケルソン干渉計と光路差対光電流の測定例

4.5 光源

　光通信システムにおいては，安いLEDから外部変調器を持つ狭帯域レーザーまでのいろいろな光源が使われています。光ファイバーシステムの場合，電話並の通信速度で数mの伝送をする場合から，毎秒数千メガビットを数十km伝送する場合までの非常に広い範囲にわたっています。光源は発信器の一部です。光ファイバー通信の場合，光波に電気信号を乗せて送り，受信器で受けた後，電気信号を取り出すシステムを使うことになります。そこで，本節では，光源の代表選手である，LEDと半導体レーザーについて考えましょう。

4.5.1 LED

　発光ダイオードの略である**LED**（Light Emitting Diode）の基本的な概念を**図4.14（a）**に描いてあります。半導体ダイオードに小さな電圧を加えると，接合部に電流が流れます。ダイオードは2つの領域でできており，各領域は望み通りの電気特性を与えるべく特定の不純物が添加されています。p領域は，半導体材料である原子より1個少ない電子を持つ原子が不純物として入っています。そのため，半導体結晶の中に電子の抜け穴（正孔とかホールと呼ばれています）を作ります。一方，n領域には電子が余分にある原子が不純物として入っていますので，

結晶の中に事由に浮遊する電子を作り出しています。p領域に正の電圧をかけ，n領域に負の電圧をかけると，p領域にある正孔は負の電圧に引かれてn領域に向かって進み，n領域にある浮遊電子は正の電圧に引かれてp領域に向かって進みます。両者は2つの域の界面付近で出会い，正と負が一緒になって消滅します。まるで，電子が穴に落ち込むように。そのとき光を出すのです。電圧をかけている限り，電子と正孔の流れが接合部に入り，光を出すのです。

　半導体といえばシリコンかゲルマニウムを頭に思い浮かべるでしょう。でも，これらの材料では電子と正孔が結合しても，そのエネルギーは熱となって消費されてし

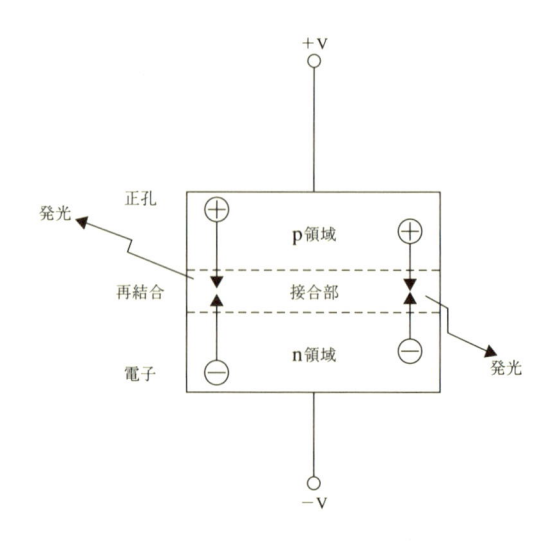

図4.14　LED

まい，光にはならないのです。シリコンはICとかLSIの材料として大量に利用されているのですが，光を出さないことが最大の欠点なのです。したがって，LEDの材料としては他の半導体を探さなければなりません。一般的には，元素の周期律表のIII族とV族の原子の組み合わせが最高です。

IIIa	Va
アルミニウム（Al）	窒素（N）
ガリウム（Ga）	リン（P）
インジウム（In）	砒素（As）
	アンチモン（Sb）

最近，プラスチックでLEDを作ることができるようになりました。プラスチックといえば絶縁体の代表選手の

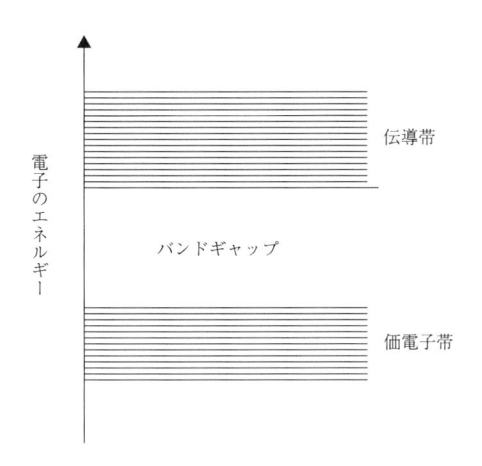

図4.15　半導体のエネルギー準位

ようですが，半導体の性質を持ったものもあるのです。

　半導体から出てくる光の波長は，**エネルギー構造**によって決まります。不純物の入っていない純粋な半導体の場合，低温ではすべての電子は結晶格子内に閉じこめられており，**図4.15**の**価電子帯**と呼ばれるバンドにいます。温度が上がると価電子帯にいる電子の中には，より高いエネルギーバンドである**伝導帯**にジャンプするものが出てきます。伝導帯に上がった電子は自由に動き回ることができるのです。伝導帯と価電子帯の間には，禁止帯ないしはバンドギャップと呼ばれる溝が存在します。この溝の中には電子は存在できません。すなわち，電子はバンドギャップに相当するエネルギーを持つことができないのです。このバンドギャップが，半導体特有の性質の原因なのです。

　価電子帯の電子が伝導帯に上がると，価電子帯に電子の抜け穴が残ります。これが**正孔**です。電子の抜け穴ですから，電子と逆の正の電荷を持っています。電荷だけではありません。電子と正孔はことごとく反対の性質を持っているのです。価電子帯には電子が一杯詰まっており，外からエネルギーをもらった電子が伝導帯に上がると，自由に動き回ることができるようになります。これは電子から見たお話です。正孔から見ると，伝導帯は正孔で一杯です。この正孔が外からエネルギーをもらって価電子帯に上がると，価電子帯の中の正孔は自由に動き回ることができます。正孔は正の電荷を持っていますの

で，電圧を加えると負の電圧の方向に動きます。電子が正の電圧の方向に動くのと正反対です。電子と正孔が結合すると，正負の電荷が消えて，そのときに光を出すのですが，電子が光を出すと言うこともできますが，正孔が光を出すと考えることもできます。

伝導帯にある電子が**バンドギャップ**に等しいエネルギーを失って価電子帯に移動するときに光を出すのですが，その光のエネルギーは伝導帯と価電子帯のエネルギー差，すなわちエネルギーギャップに等しくなります。バンドギャップエネルギーの値は材料で決まり，GaAsでは930nm，AlGaAsでは，その組成によって変わりますが，750〜900nmになります。ファイバー光学でよく使われるLEDは820〜850nmですが，発光強度が最大値の3dB下がるまでの幅が約40nmになっています。

ファイバー通信にとって重要なLEDは（$In_x Ga_{1-x}$）（$As_y P_{1-y}$）です。xはInとGaの組成比，yはAsとPの組成比です。xとyを変えることによって，バンドギャップエネルギーを変えることができ，1300nmないしは1550nm付近の光源として使うのです。これらの波長帯は石英ガラスファイバーの損失が少ない領域に相当するのです。

4.5.2　半導体レーザー

半導体レーザーはLEDと似ていますが，より高い出力，

より狭いスペクトル幅，より方向性を持つビームなどの点で異なっています。レーザーを理解するためには誘導放出について知らなければなりません。エネルギーレベルの図において，エネルギーが高い上のレベルにある電子がエネルギーの低い下のレベルに落ちるとき，そのエネルギー差に相当する波長の光を放出します。電子が上のレベルに溜まっているとしましょう。外からエネルギー差に等しいエネルギーを持つフォトンが入ってきたとすると，上のレベルにいる電子を刺激して下のレベルに落とします。このとき，入ってきたエネルギーに等しい波長を持つフォトンを放出します。この結果，入射フォトンの数が増えて出てくることになります。このように，外部のフォトンに刺激されて，入射したよりも多い数のフォトンが出てきます。これが「放射の誘導放出による光の増幅」です。この言葉の頭文字を集めたのが「**LASER**（レーザー）」なのです。

　誘導放出について一言説明しておきましょう。上のレベルに入る電子は下に落ちるときにフォトンを出します。一方，下のレベルにいる電子はフォトンを吸収して上のレベルに上がることができます。入射する光よりも出てくる光の方が強い条件は，上のレベルにいる電子の方が下のレベルにいる電子よりも多いことです。下のレベルにいる電子の方が多いのが普通ですので，誘導放出が起こる条件は「反転分布」と呼ばれています。

　誘導放出をより効率よく発生させるためにはある狭い

領域内で起こさせる必要があります。幸い，光は屈折率の高い領域を好む性質がありますので，屈折率を高くすることで光を特定に領域に閉じこめることができます。光ファイバーも同じ原理で光を閉じこめています。屈折率の高い領域に誘導放出を起こさせることで，特定の領域でレーザー発振させることが可能です。こうすることによって，レーザー光をビーム状に放出させることが可能となります。さらに，一対のミラーで構成された共振器の中に誘導放出媒質を置くことによって，光が共振器内を往復運動しながら増幅され，ミラーで反射されて反対側のミラーに到達する方向を持つ光だけが強調されていきます。その結果，レーザービーム特有の細いビーム状の光線が得られるのです。半導体レーザーの場合は，

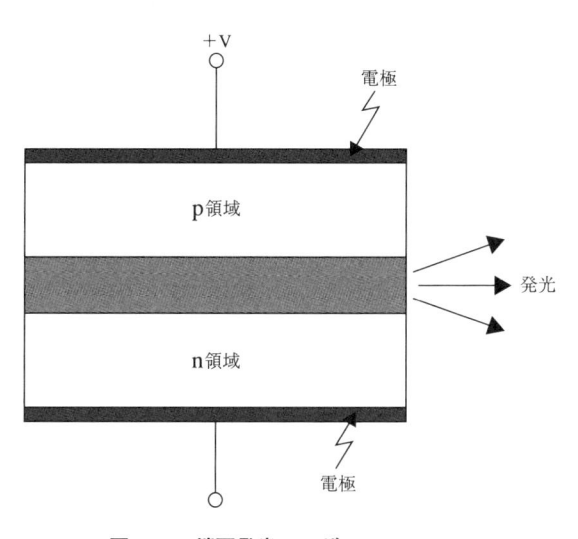

図4.16　端面発光レーザー

図4.16のように,半導体結晶の端面(ファセットと呼びます)をミラーとして使うのが普通です。

共振器ミラーを誘導放出が可能な活性領域の上と下に配置したレーザー構造も可能です。このような構造を持つレーザーを「**面発光レーザー**」と呼んでいます。英語では「Vertical-cavity surface-emitting laser (VCSEL)」と表現されます。共振器を接合面に対して垂直方向の設置しているという意味です。日本語とちょっとニュアンスが違いますが,同じものを指しています。面発光レーザーの構造の一例を,図4.17に描いてあります。VCSELのミラー対は,組成の異なった二種類の層を繰り返し積

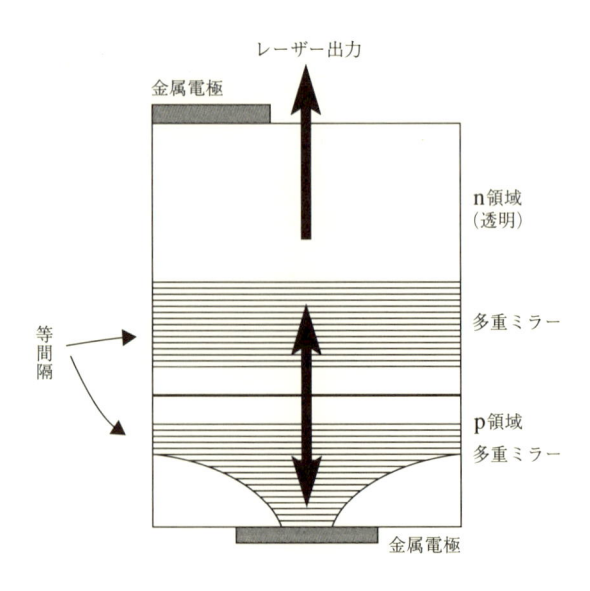

図4.17 面発光レーザー

み重ねる構造を持っています。このような構造を作ることによって狭い波長範囲の光だけを選択的に反射させることができるのです。半導体ウエハーの表面上の丸いスポットからレーザー光が出てくる構造になっていますので，VCSELからでたレーザービームは円形になります。VCSELには多くの魅力があります。レーザー発振させるのに必要な電流の値（しきい値といいます）が，普通の半導体レーザーより低いのです。さらに，電気入力から光への変換効率が非常に高くなります。その結果，レーザーとしての寿命が長くなります。

ダイオードレーザーの出力波長は接合層の組成によって決まります。たとえば，

$Ga_{(1-x)}Al_xAs$ on GaAs ： 780～850nm
$In_{0.73}Ga_{0.27}As_{0.58}P_{0.42}$ on InP ： 1310nm
$In_{0.58}Ga_{0.42}As_{0.9}P_{0.1}$ on InP ： 1550nm

他のInGaAsP混合物は1100nmから1600nmの波長範囲に発振波長を持っています。InGaAs on GaAsは，エルビウムドープファイバー増幅器の励起用に最適な980nmの波長で発振します。

ところで，ダイオードレーザーはLEDと比べるとはるかに狭いスペクトル幅のビームを出しますが，まだ1－3nmのスペクトル幅を持っています。共振器構造を持っていますので，一種のファブリーペロー型の干渉計と同じ構造となっています。したがって，**図4.18**に描いてあ

るように，共振器に共鳴するいくつかの波長が存在します。その波長 λ は，2つのミラー間の往復運動が波長の整数倍のときに強め合う条件がありますので，

$$2Dn = N\lambda$$

を満足する波長で発振することになります。ここで，D は2つのミラー間の間隔で n は屈折率です。**図4.18**の各線は，レーザーの縦モードと呼ばれるものです。典型的な半導体レーザーの場合，このスパイク状の発振線の間隔が 1 − 3nm なのです。発振線間の間隔は共振器長，すなわち2つのミラーの間隔と波長によって決まります。

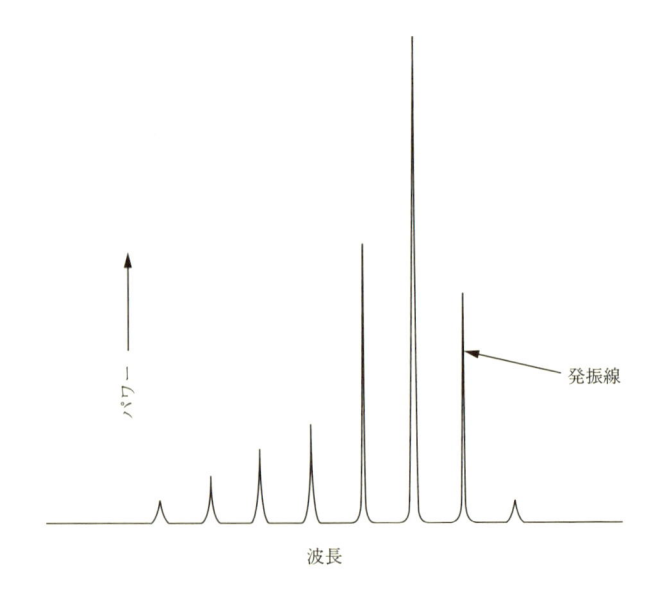

図4.18　いくつかの縦モードにおける波長

共振器長が長くなれば，発振線の間隔は狭くなります。通常の半導体レーザーの共振器長は数mmですので，縦モードの発振線間隔は広いのが普通です。

4.5.3 単一周波数レーザー

　ダイオードレーザーの発振波長が1－3nmあるとお話ししましたが，もっと狭い波長範囲で発振させる必要が出てきます。そのような場合，共振器長で決まる縦モードの中の一つの発振線で発振させるためには3つのアプローチがあります。それを**図4.19**に描いてあります。その一つが，半導体基板表面上に一連の凹凸構造を作る分布帰還型レーザーです。この構造では，ある波長の光だけをレーザーの中に反射させることができますので，ある一つの共振波長だけで発振させることができるのです。分布帰還型ブラッグ反射レーザーも同じ原理で発振波長を選ぶ構造なのですが，反射波長を選ぶための回折格子がレーザーの外に作られています。半導体レーザーを製作する際に，電流で励起する部分と異なる場所に回折格子を作ることは，それなりのメリットがあります。半導体レーザーを共振器の中に設置することも可能です。この場合，波長を選択する素子は回折格子です。この回折格子は共振器のミラーとしても働く構造が**図4.19（1）**に描いてあります。回折格子を回転させることによって，選択波長を変えることができますので，他の2つの場合

と違って，この場合は発振波長を変化させることができる利点があります．回折格子の代わりにプリズムなどを使うこともできますが，もっとも普通に使われるのは回折格子です．

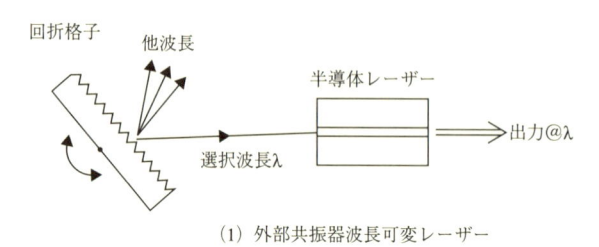

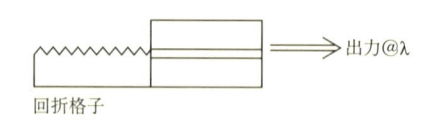

(1) 外部共振器波長可変レーザー

(2) 分布ブラッグ反射レーザー

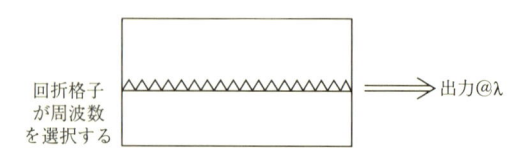

(3) 分布帰還型レーザー

図4.19　3種類の単一周波数半導体レーザー

4.6 受信器（光検出器）

4.6.1 半導体検出器

　光の強度を測定するのに**半導体検出器**が使われます。最も簡単な光検出器は太陽電池です。**太陽電池**は，入射した光エネルギーが半導体の中の電子を価電子帯から伝導帯に持ち上げ，電圧を発生するものです。このような光によって電圧を発生するものを光起電力検出器を言いますが，応答速度が遅く感度も低い欠点があります。**図4.20**のように，逆方向にバイアス電圧をかけることによって，より高速でより感度の高い検出器となります。これはLEDやレーザーの場合に順方向に電圧をかけて発光させたのと反対方向になります。逆方向バイアスが，電流を運ぶ電子と正孔を接合領域から外に出し，それらの電流を運ぶキャリヤーのない領域を作り出します。この領域がダイオードを通過する電流をストップさせます。適当な波長の光がこのダイオードに照射されると，この領域の中の電子を価電子帯から伝導帯に持ち上げ，価電子帯に正孔を残し，結果的に電子と正孔の対を生成します。このバイアス電圧が，この電流を作り出して接合領域からこれらのキャリヤーを追い出し，その結果検出器に照射した光の強度に比例した電流が流れます。

　光検出器は，シリコン（Si），ガリウム砒素（GaAs），

ファイバー光学の基礎

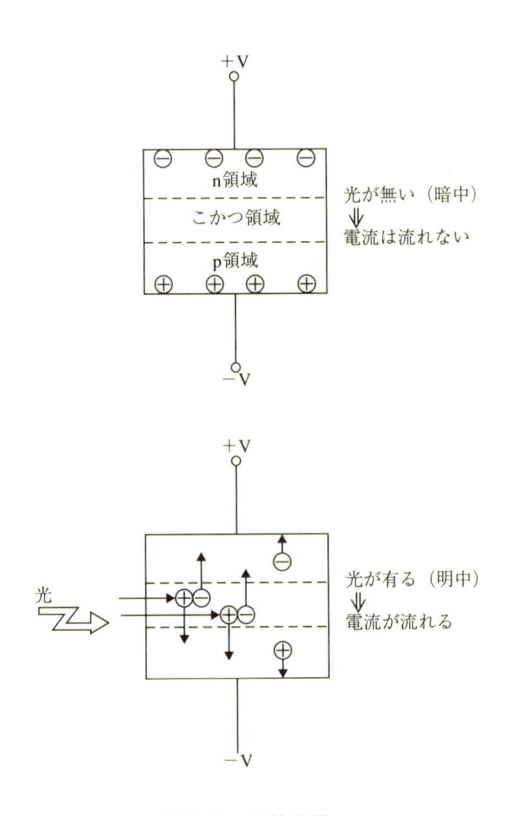

図4.20　光検出器

　ゲルマニウム（Ge），インジウムリン（InP）などの半導体で作られています。光検出器が感じる光の波長は材料によって決まります。上にお話しした原理からみてみましょう。光をダイオードに照射し，電子を価電子帯から伝導帯にあげなければ，電流は流れません。したがって，価電子帯と伝導帯のエネルギー差，すなわちバンドギャップに相当するエネルギーより大きなエネルギーを持つ光

が入射しなければ，光を感じません。バンドギャップエネルギーは材料によって決まりますので，光検出器として動作する波長が存在します。一例を**表4.2**と**図4.21**に書いてあります。

材料によって使う波長が変わりますが，二種類の検出

表4.2 検出器の動作波長

材　料	波　長（nm）
シリコン（Si）	400〜1100
ゲルマニウム（Ge）	800〜1600
GaAs	400〜1000
InGaAs	400〜1700
InGaAsP	1100〜1600（組成によって変わる）

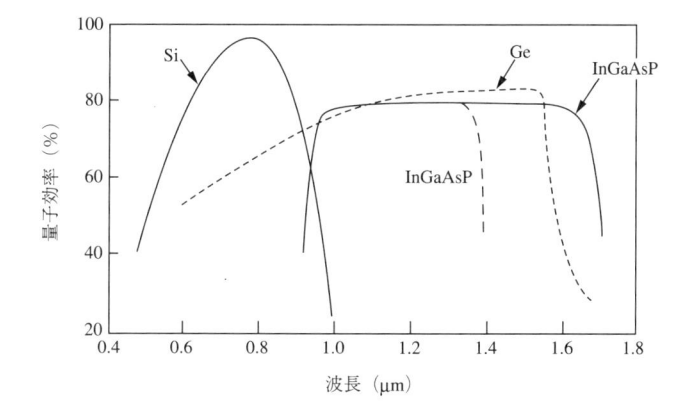

図4.21 フォトダイオードの波長応答

器で可視から赤外の全波長をカバーできることがわかります。

4.6.2 応答性と量子効率

光検出器の感度について考えるとき，一つの目安が**応答性**です。応答性とは，検出器に入った光パワーと検出器から出てくる電気出力の比のことです。たいていの光検出器が電流として信号を発生しますので，通常は単位ワットあたりの電流（A/W）で応答性を測ります。光ファイバーで使う光パワーは百万分の一ワット（1μW）程度ですので，μA/μWがより適した単位かとも思いますが，これはA/Wと同じことになります。検出器の出力が電圧の場合はV/Wの単位で応答性を測る場合もあります。

検出器にとってもう一つの重要な量が「**量子効率**」です。応答性と似たような量です。量子効率は，1個のフォトンが検出器に入ったときに何個の電子が発生されるかを意味し，

$$量子効率＝（電子の数）／（フォトンの数）$$

で定義されます。応答性も量子効率も波長によって変わります。フォトダイオードの量子効率が，波長によってどのように変わるかを図に描いたのが**図4.21**です。量子効率は検出器の材料と構造によって変わります。**表4.2**の，フォトダイオードの波長範囲と同じことを意味して

います。フォトンエネルギーは波長によって変わりますので，量子効率が波長によってどのように変わるのかは，応答性のものと少し違います。たとえば，400nmのフォトンは800nmフォトンの二倍のエネルギーを伝送できますので，半分の数の400nmフォトンがあるパワーを発生できることになります。前の定義を用いると，量子効率は1より大きくなることはありません。一方，検出器の中で電気信号を増幅するとか，電子の数を多くする工夫をすることで，検出器に入るフォトンの数と検出器から出てくる電子の数の比で量子効率を定義すると，1より大きな量子効率も可能になります。

　検出器にとってもう一つ重要な量は**応答速度**と**バンド幅**です。検出器は入力の変化に直ちに反応することはできません。検出器に入力光パワーが入ったとき，応答するのにある時間が必要です。光が検出器に入ったときと，検出器が電流を出力するときの間の時間差のことです。この**遅延時間**は材料と検出器の構造によって決まります。もう一つの時間も重要です。すなわち，電気信号が低いレベルから高いレベルに上がるの必要な時間です。これを**立ち上がり時間**と呼んでいます。同じ意味で，立ち下がり時間も存在します。入力が突然入ってきたとき，出力信号が最終レベルの10％から90％に上がるのに必要な時間を立ち上がり時間と定義しています。同様に，入力が切れた瞬間から，出力信号が90％か10％にまで下がるのに必要な時間を立ち下がり時間と定義します。図

4.22にその様子を描いてあります。検出器の構造，材料，電圧バイアス，その他の要因によってこれらの時間は決まります。これらの時間を**応答時間**と呼んでいます。立ち下がり時間は立ち上がり時間より長いのが普通です。遅延時間と応答時間はパルス伝送において重要な意味を持ってきます。また，それらの意味は異なっています。たとえば，遅延時間が10nsの場合，10nsのパルスを入力すると，10ns遅れてから出力信号が出てきますが，パルスの存在する時間は同じく10nsのままです。一方，応答時間が10nsの場合は，出力パルスは20nsのパルス幅を持って出てきます。

　検出器の応答速度は**バンド幅**として定義されます。光

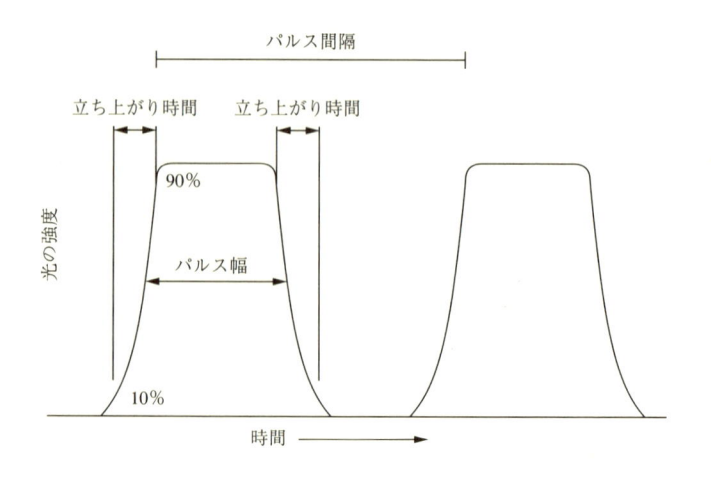

図4.22　パルスのタイミング

信号の最大変調周波数を決める量になります。周波数の低い領域においては一定の応答を示す検出器でも，周波数が上がるにつれて応答が下がってきます。応答が3dBだけ下がる周波数をバンド幅と定義します。これより高い周波数の信号が検出器に入っても，正しい信号を出力しないことになります。すなわち，検出器の出力が，入力光が変化するスピードについていけなくなります。立ち上がり時間と立ち下がり時間が等しい場合，バンド幅は，

$$バンド幅 = 0.35 / 立ち上がり時間$$

に等しくなります。たとえば，10nsの立ち上がり時間を持つ検出器のバンド幅は35MHzになります。逆に，あるバンド幅に必要な検出器の立ち上がり時間を次式から計算することができることになります。

$$立ち上がり時間 = 0.35 / (バンド幅)$$

たとえば，5GHzのバンド幅に対しては，70psの立ち上がり時間を持つ検出器が必要になります。

4.6.3　各種の検出器

　ファイバー光学で使われる検出システムは，単なるフォトダイオード検出器よりもう少し複雑なものになります。普通は，もっと感度の高い，すなわちもっと出力電流の多い検出器を使います。

(1) pn，pinフォトダイオード

逆方向にバイアス電圧をかけたフォトダイオードに光が入射すると，光の強度に比例する電流が出力されます。図4.23のように，p型半導体とn型半導体の間に不純物に入っていない真性半導体を挟むように入れてやると感度を高くすることができます。このようなものを**pinフォトダイオード**と呼んでいます。真性領域には，暗中で電流キャリヤーを発生するような不純物が存在しません。真性領域の電気抵抗を他の領域の抵抗より高くすることができますので，バイアス電圧はこの領域に集中的にか

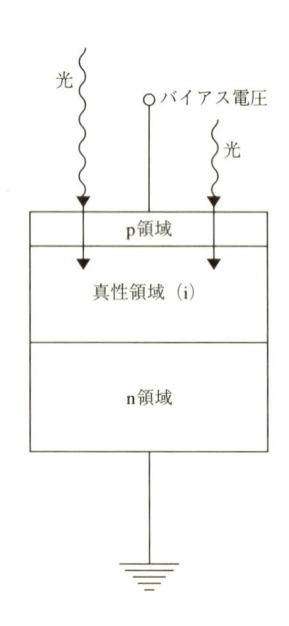

図4.23　pinフォトダイオード

かるようになります。その結果，立ち上がり時間を短くし，雑音を減らすことができます。電子がこのダイオードを通過する時間で応答速度は決まります。そこで，バイアス電圧を大きくするかあるいは真性領域の厚さを減らすことで応答速度を速くすることが可能です。一方，真性領域を薄くすることは，入射光の吸収される部分を減少させることになりますので，検出感度が下がります。普通のバイアス電圧は5 − 20Vですが，100V以上のバイアス電圧をかけることでもっと速い応答を得るものもあります。応答速度は数nsから5ps程度です。800nmの波長に対するシリコンpinフォトダイオードの感度は0.7A/Wです。InGaAsは，もっと長い波長に対して高い感度を持っています。pinフォトダイオードのもう一つの特徴は，入力に比例する出力が得られる入力範囲，すなわちダイナミックレンジが広く取れると言うことです。このダイナミックレンジは50dB以上のものもあります。

　図4.24に，pnフォトダイオードあるいはpinフォトダイオードを逆バイアス電圧で使用する場合の回路図を示しています。負荷抵抗を流れる電流を電圧で取り出すことができます。詳しいことは専門書を見て欲しいのですが，**図4.25**に描いてあるように，pinフォトダイオードの出力信号を電界効果トランジスター（FET）を用いた増幅回路につなぐことによって，10.000 V/Wの感度を得ることができます。また，ダイナミックレンジも大きく取ることができるという特徴もあります。

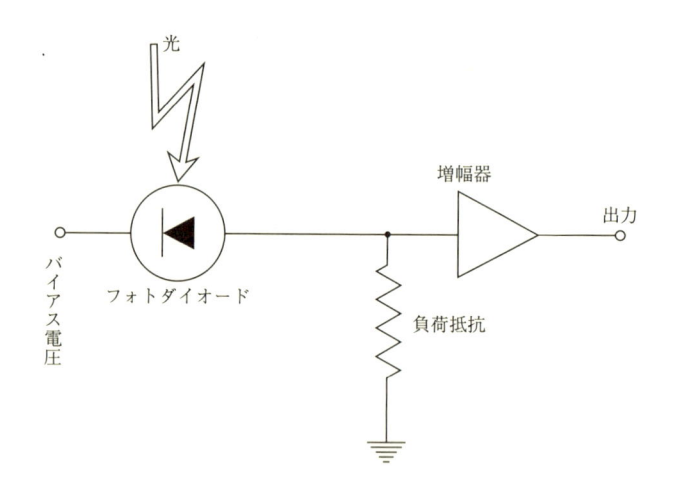

図4.24　pin, pnフォトダイオードの基本回路

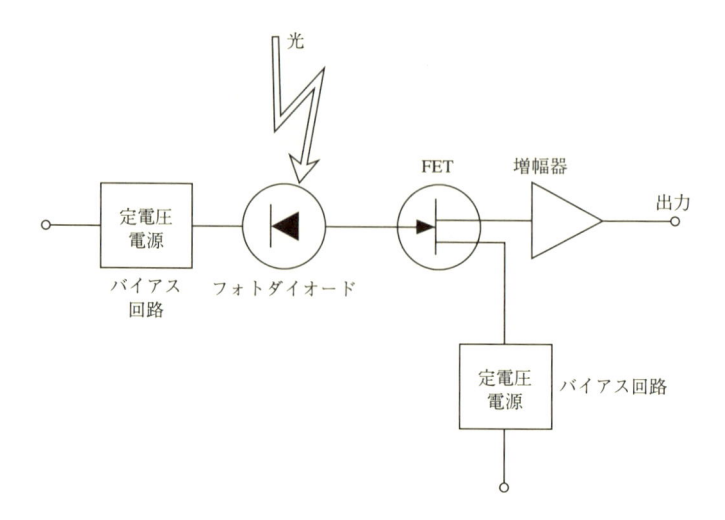

図4.25　pin-FET受信回路の構成図

(2) フォトトランジスター

フォトダイオードの場合，電気信号を増幅する仕組みは持っていませんので，外部に増幅回路をくっつけることになります。内部に電気信号を強くする増幅回路を内蔵したものが**フォトトランジスター**です。トランジスターは2つのpnダイオードをくっつけたような構造をしており，その一つをフォトダイオードとして光に感じ，それをトランジスターで増幅する構造になっています。市販のフォトトランジスターはシリコンで作られたものが主流で，低コスト，低速度の検出器となっています。**表4.3**でフォトトランジスターとフォトダイオードの性能を比較しておきました。

表4.3　典型的な検出器の特性

デバイス	感度	立ち上がり時間	暗電流
フォトトランジスター（Si）	18 A/W	2.5 μs	25 nA
pinフォトダイオード（si）	0.5 A/W	0.1－5 ns	10 nA
pinフォトダイオード（InGaAs）	0.8 A/W	0.005－5 ns	0.1－3 nA
アバランシェフォトダイオード（Ge）	0.6 A/W	0.3－1 ns	400 nA
アバランシェフォトダイオード（InGaAs）	0.75 A/W	0.3 ns	30 nA
Si pin-FET	15,000 V/W	10 ns	－
InGaAs pin-FET	5,000 V/W	1－10 ns	－

(3) アバランシェフォトダイオード

フォトトランジスターは，光検出器と電気増幅器を内蔵した構造になっていましたが，同様の動作をさせるも

のに**アバランシェフォトダイオード**があります。高いバイアス電圧をかけておくと，光で発生した電子が高速で他の電子や原子の衝突して伝導帯の電子を多量に発生します。アバランシェとは「なだれ」を意味します。すなわち，なだれ式に電子が多量に流れることをいうのです。雪山のなだれの大きさは山の高さに依存するのと同じように，電子なだれの大きさは電圧に依存するのです。なだれで発生する電子数は30から100の範囲にあります。多重度因子Mは，

$$M = 1/(1-(V/V^B)^n)$$

で表現されます。ここでVは動作電圧で，V^Bはダイオードがブレークダウンする電圧，そしてnはデバイスの特性に依存する因子で3～6の値を取ります。ブレークダウン電圧の90％から98％のバイアス電圧でどうさせるのですが，ブレークダウン電圧を超えるバイアス電圧をかけるとデバイスをダメしてしまいますので，ブレーク電圧を越えないように動作電圧には気をつけなければなりません。ブレークダウン電圧は100V以上です。バイアス電圧を高くすればするほど多重度因子が大きくなり，しかも高速動作が可能となります。高いバイアス電圧を使いますので，回路もちょっと特殊なものになります。**図4.26**にアバアランシェフォトダイオードを使った検出器を示してあります。注意する点は，安定なバイアス電圧を供給できる様な回路を使うことです。

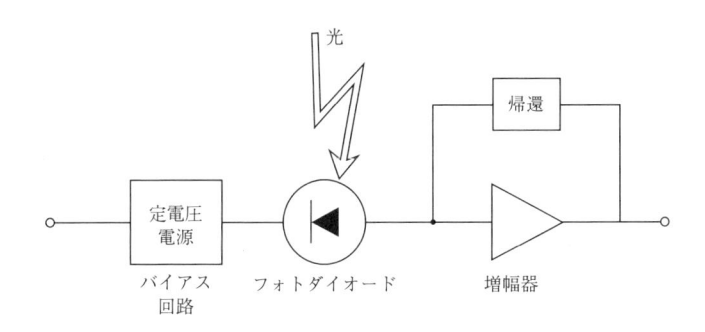

図4.26　アバランシェフォトダイオードの基本回路

　本章では，光の測定に関して，原理と技術の両面からお話ししました。測定に必要な光源と検出器についても，詳しくお話ししました。パワーをワットで測るのは，電気と同じなのですが，光の測定は，電気の測定とは違った点が多いので，それなりに勉強が必要です。

第5章 光通信システム

　光通信システムは，光源，伝送路，中継器，受光器，復調器などから構成されます。本章では，光を用いた通信システムを構成する各要素について概説します。

5.1　伝送系の概要

　光ファイバーを用いた伝送システムは，図5.1に示すように光源，伝送路，受信器により構成されます。また，伝送路は，通常，長距離となるため途中に中継器を数十km間隔で設け，減衰したり歪んだ信号を増幅・再生しています。信号を伝送するのに用いる光を発生する光源は，LEDや半導体レーザーがあります。レーザーから射出した光の有無に応じて信号の1と0が送信されます。伝送路は光ファイバーが用いられます。材料として石英系ガ

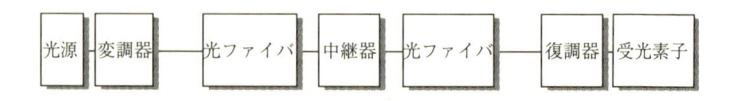

光源 → 変調器 → 光ファイバ → 中継器 → 光ファイバ → 復調器 → 受光素子

図5.1　光ファイバーを用いた伝送システム概略図

ラスやプラスティックがあります。受信された光（信号）は歪みにより重なりが生じ，符号誤りが生じやすくなります。一度，電気信号に変換して処理を行い，送信された信号を復元します（復調）。以下では，各構成要素について概説します。

5.1.1 光源

　光源の波長は，光ファイバーにおける減衰やパルス分散に影響を与えます。石英系光ファイバーでの損失が小さな帯域は，780～850nmと1300～1550nmです。波長分散は，スペクトルの広がりが大きくなると大きくなります。スペクトルの広がりはLEDとレーザーでは大きく異なります。標準的なLEDのスペクトル広がりは30～50nmですが，レーザーは1～3nmです。ギガビットの伝送速度を持つ高いパフォーマンスの光ファイバーシステムでは，ナノメータの広がりを持つレーザーが要求されます。以下では光通信に用いられている代表的な光源について説明します。

(1) LED光源

　LED（Light Emitted Diode） は赤色から近赤外の光を励振する光源です。図5.2に示すようにダイオードは2つの部分（領域）から構成されています。1つはp領域と呼

ばれ，電子の数が少なくホールが作られています。一方，n領域は電子の数が多くなっています。正の電圧をp領域に印加し，負の電圧をn領域に印加するとホールはn領域へ移動し，電子はp領域に移動します。あるレベル値以上の電圧を加えつづけると，電子とホールが再結合し誘導放出が開始します。

　近赤外光のLEDはGaAlAsまたはGaAsにより作られます。GaAs LEDは930nm付近で発光し，一方，Alを追加することによって発光周波数は750〜900nmとなります。短距離通信に用いられるガラスファイバー系で用いられるLEDの周波数は820〜850nmでおよそ40nmの帯域幅を持ちます。一方，GaAsP LEDは650nm付近の赤色を発光し，プラスティックファイバーで用いられます。

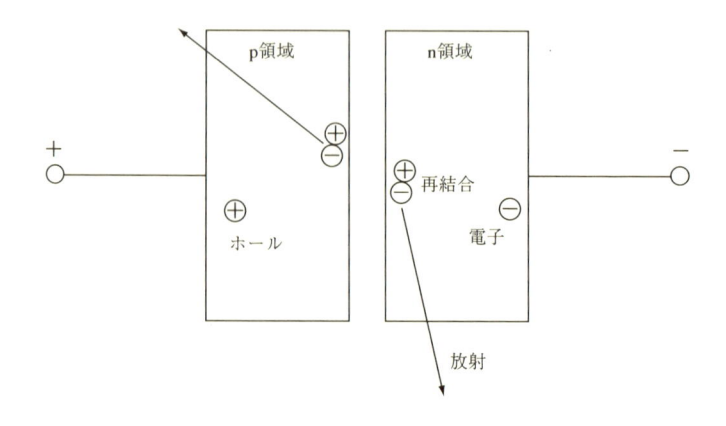

図5.2　LED動作原理図

第5章　光通信システム

　最も重要なものは，InGaAsPで作られるLEDです。発光周波数は1200〜1700nmで，1300nm帯で用いられる短距離用光通信システムでしばしば用いられています。

(2) 半導体レーザー光源

　半導体レーザーはLEDとほとんど同じですが，高出力であることと，発振帯域幅が狭いという点が異なります。LEDとの違いは，光を閉じ込める構造を用いることです。良く用いられる構造として導波路構造があります。**図5.3**に示すように，接合をした活性層を両側の媒質の屈折率より高い屈折率で作ります。更に活性層の上下を屈折率の低い媒質で挟みます。この様な構造を**2重ヘテロ構造**といいます。また，活性層は狭いストライプ状になっており，これを**ストライプ形2重ヘテロ半導体レーザ**

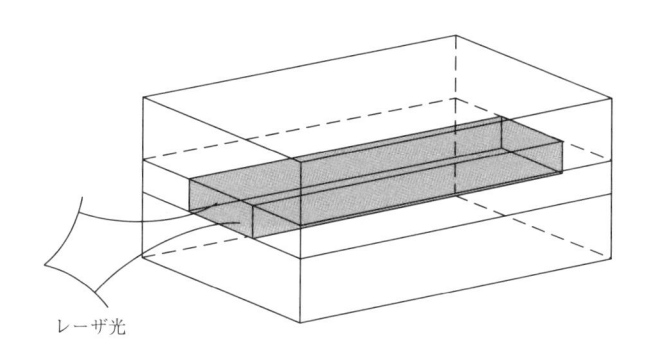

レーザ光

図5.3　ストライプ形2重ヘテロ半導体レーザー

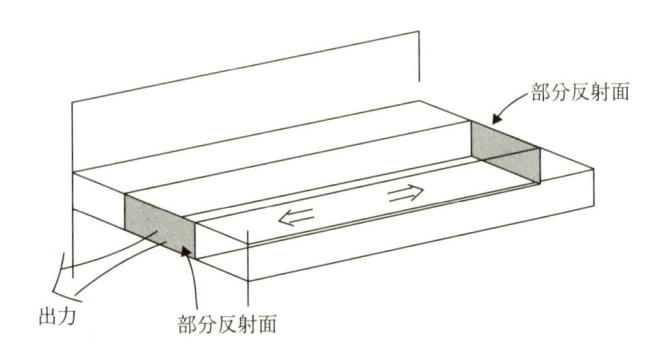

図5.4 半導体レーザー端面からの射出

ーといいます。ストライプは数ミクロンの幅で高さは1μm以下であり，単一モードのみが励振する構造となっています。

図5.4に示すように，導波路構造の両端面に部分反射鏡を取り付けた構造にして，殆どの光を導波路に閉じ込めます。この鏡は半導体ウェーハーのへき開面（facets）となっています。このへき開面では一部の光を射出し，一部は導波路に戻ります。戻り光は後面のへき開面において一部が射出し，一部が戻ります。この繰り返しにより位相の揃ったレーザー光が作られます。

（3）半導体レーザー増幅器

半導体レーザーは両端がミラーで挟まれていましたが，

そのうちの1つを取り外すと光増幅器として作用します。簡単なイメージ図を**図5.5**に示します。左から導波路を通して光が伝搬し，活性層を持つストライプに入射し，入射した光は電子とホールが再結合し，同じ周波数の光を放射します。単位長さ当たりの増幅（利得）は高く，有用です。

　半導体レーザー増幅器の利点として次のものが挙げられます[3]。

1. 半導体レーザーの高利得性を用いているので，利得帯域が広い
2. 様々な波長域に対して作成することができる
3. 集積化や高機能化が可能である

また，欠点として

1. 利得に偏波依存性がある
2. レーザーと光ファイバーとを接続する場合に結合損失が大きい

などがあります。

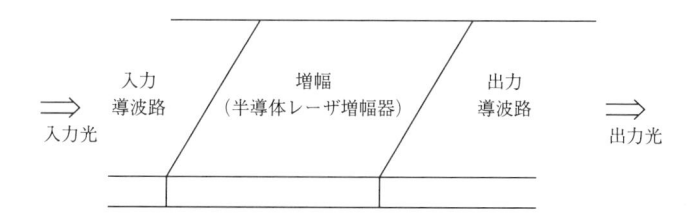

図5.5　導波路構造で構成された半導体レーザー増幅器

（4）その他の固体レーザー光源

半導体レーザー以外の固体レーザーとしては**表5.1**に示すものがあります。目的や用途に応じて使い分けています。

表5.1　固体レーザーとその特徴

種類	発振周波数 [nm]	特徴
YAG	1060	安定性が高く100psのパルス列が可能。また，非線形媒質を併用して0.53μmや0.67μmも発振可能
ルビー	694	多くの励起パワーが必要
チタンサファイア	700～950	サブピコ秒のパルス列が可能。赤から近赤外波長の分光用として標準レーザー。
ガラス	1060	パルス列は数ピコ秒。任意の大きさのレーザーロッドが作成可能のため大出力強度の光が得られる。

5.1.2　送信器

送信器では，電気信号を光に変換して光ファイバーへ送り出す機能を有します。**図5.6**は概略を示します。

先ず，電気信号は光源を駆動するための信号として用いられます。例えば，電気回路を駆動する電圧からLEDや半導体レーザーを変調する電流に変換する信号として

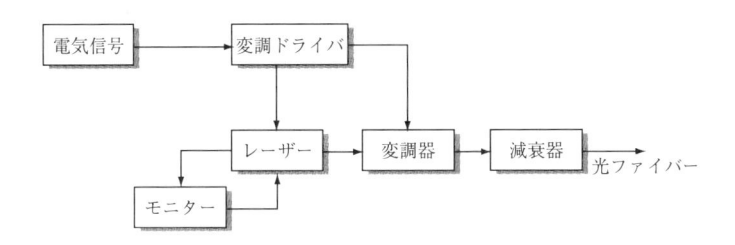

図5.6 送信器構成概略図

使われます。一方，光源からの出力を安定化させることも必要です。光モニターによって監視し，フィードバックにより安定した出力が得られるように制御しています。更に，実用的には温度制御が必要です。温度により閾値電流，出力電圧，波長などが変化します。冷却装置はシステムに依存して要求されます。

5.1.3 中継器

一般に，信号は長距離伝送するに従い減衰します。もし，ディジタル信号のレベルが閾値よりも小さくなるとビットエラーが増大することになります。この種の問題を避けるために，増幅が必要になります。**図5.7**は，中継モデルの1つを示しています。伝送路には多くの中継器が挿入され，弱くなった信号を増幅して大きな信号とし送出しています。中継器は余りにも小さな信号の所で挿入すべきではありません。なぜなら，雑音や歪みも同

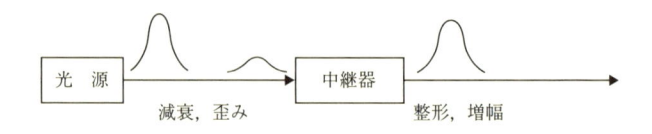

図5.7　光ファイバーシステムの中継器

時に増幅してしまうからです。

再生器では，雑音や歪みを取り除いて信号を再生させます。これは，ディジタルシステムにおいて用いられています。先ず，雑音が入っている信号を増幅します。その後，時間変化している信号から閾値より大きい場合は「信号あり」，小さい場合は「信号なし」と判断します。その後，信号再生装置により正しい時間間隔で信号を送出します。

5.1.4　受信器

　光ファイバー通信システムにおける受信器は，受信光を検出し電気信号へ変換します。単に受光するだけのシステムから増幅して多重化された信号を元に戻す複雑なシステムまで構成されます。

　光ファイバー通信で用いられている標準的な受信器の基本構成図を**図5.8**に示します。ディジタル受信器であっても，伝送波は途中の損失や分散などにより信号が連続

```
光信号 ─→ 受光器 ─→ 増幅 ─→ 復調 ─→ 電気信号
```

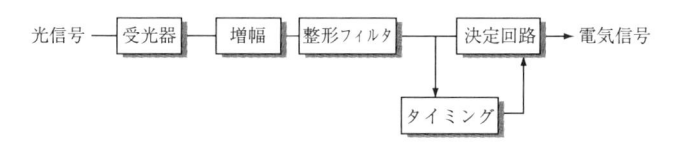

(a) アナログ受信器

```
光信号 ─→ 受光器 ─→ 増幅 ─→ 整形フィルタ ─→ 決定回路 ─→ 電気信号
                                    ↓         ↑
                                  タイミング
```

(b) ディジタル受信器

図5.8 アナログ及びディジタル受信システム

信号になってしまうため，前段にアナログ信号に対する受信器が必要です。ディジタル信号の場合，歪みを受けても元の信号を再生することは可能ですが，アナログ信号では完全に再生することは不可能に近くなります。なぜなら，どれが歪みでどれが信号であるかを区別することができないからです。

受光器としては，半導体フォトダイオードや光検出器が用いられます。フォトダイオードは，もし，逆バイアスがかけられていた場合，より速く感度がよくなることが知られています。逆バイアスになると電子とホールが両端に集中し，空乏層を作り電流が流れなくなります。この領域に適当な波長の光が入射すると，電子とホールの組が作られます。バイアス電圧は電子キャリアを生じさせ，受光強度に応じて電流が流れます。

光検出器はシリコン，GaAs，Ge，InGaAsの半導体から作られ，材料の配合により反応する波長が変わります。具体的には**表5.2**の様になります。

受信器の役割は光ファイバーを伝送してきた信号を正確に再生することです。信号対雑音（S/N）比により質を決めることができます。つまり，S/N比が高ければ受信器として良いことになります。通常，光ファイバーシステムの場合，40～50dBは所望されており，30dB程度までは許容されています。ディジタルシステムの場合，品質は誤り伝送率で評価されます（**ビットエラー**）。**図5.9**は受信電力に対するビットエラーを示しています。通常の通信系ではビットエラーは10^{-9}であるのに対してデータ通信では10^{-12}が要求されます。

受信器の感度は信号の振幅に対する応答で評価されます。また，この感度は，検出器に依存しており，更に，検出器のパラメータは波長やその他の動作条件で変化します。検出器に用いられる材料はいくつかあります。**図5.10**は波長に対する効率をいくつかの材料について示し

表5.2 材料と動作周波数

材料	動作周波数 [nm]
Silicon	400～1100
GaAs	400～1000
InGaAs	400～1700
InGaAsP	1100～1600

第5章　光通信システム

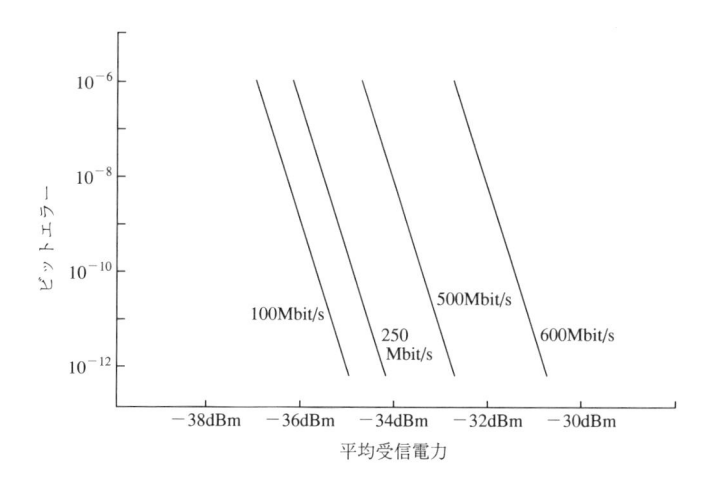

図5.9　受信電力に対するビットエラー
(J. Hecht：Understanding Fiber Optics (Fourth Edition), Prentice Hall, 2002, p.266)

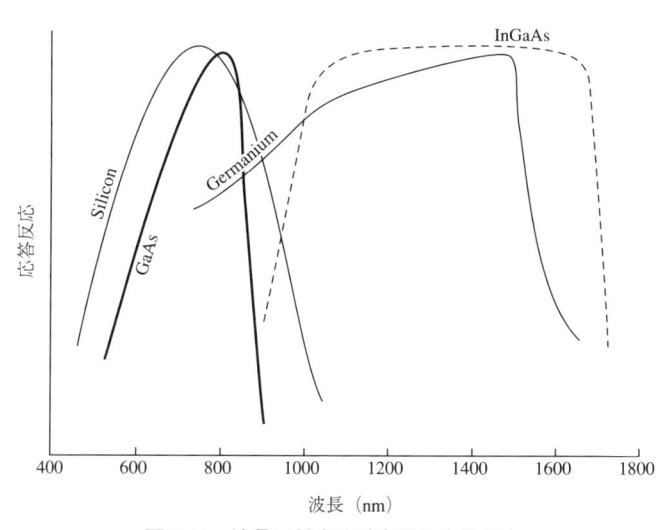

図5.10　波長に対する受光器の応答反応
(J. Hecht：Understanding Fiber Optics (Fourth Edition), Prentice Hall, 2002, p.254)

ています。量子効率は入力光子に対する出力電子の比で定義されます。

5.2 伝送技術

送信者が持っている情報を間違えることなく相手に伝えることが通信の目的です。このように効率よく情報を伝える過程を変調といいます。光ファイバー通信では，ディジタル変調方式が使用されています。また，光ファイバーを用いて長距離通信を行う場合，送信信号は減衰したり歪んでしまいます。中継器では歪んだ信号を整形したり光信号増幅しています。以下では，ディジタル変調する際にしばしば用いられているいくつかの方式について簡単に述べます。

5.2.1 パルス符号変調

送信者の信号（音声）はアナログ信号です。これを "0"，"1" のディジタル信号に変換する必要があります。**パルス符号変調**（pulse code modulation；PCM）は**図 5.11** に示すように，アナログ波形を適当な時間間隔を持つパルス列で振幅変調し，振幅の変化するパルス列に変換します。この操作を**標本化**といいます。この時，標本化定理より一定時間間隔 Δt を $1/(2w)$ 以下にすればアナログ信

号に正確に戻すことが保証されています。ここで，w はアナログ信号の最高周波数です。取り出された信号は，振幅のレベルに応じて数値化されます。これを**量子化**といいます。この離散化された値を "0"，"1" の組合わせ符号で表します。これを**符号化**といいます。通常は 2^n 個（n ビット）で量子化するので元の信号を完全に表現することは不可能です。これを**量子化雑音**といいます。アナログ信号は標本化定理と量子化によりディジタル信号となることがわかります。以上がパルス符号変調の概略です。例えば，音声信号を PCM で伝送する場合，125μ 秒で標本化し，8 ビットで量子化を行います。この場合，1 秒毎に 64 kbit のデータを伝送することになります。

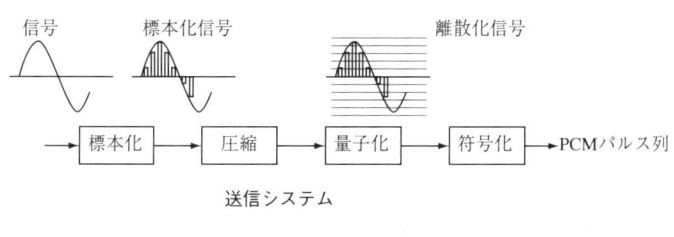

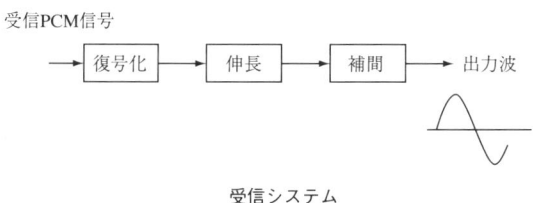

図5.11　PCM の構成概略図

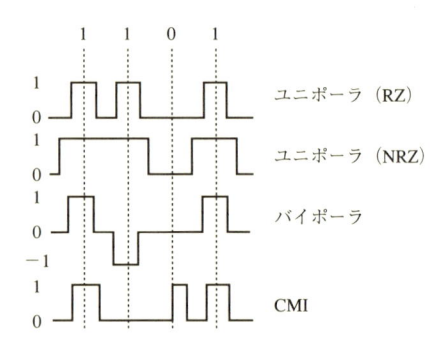

図5.12 PCMで用いられる主な符号

　送信器は，この符号を送信符号に対応させて伝送します。**図5.12**は光ファイバー通信で用いられている伝送符号の例です。**RZ符号**はタイムスロットで必ずゼロに戻りますが，**NRZ符号**はゼロに戻りません。**CMI符号**は誤り訂正を行うために用いられる符号で，"0"を"10"，"1"を"00"と"11"を交互に出力します。

5.2.2　時分割多重

　伝送路を有効に使うために多くの信号を1つに束ねることを**多重化**といいます。多重化する場合，各ディジタル信号のパルス間隔を狭めて1つにまとめる**時分割多重（TDM）**が用いられています。多重化される各信号ビット間隔を一致させる必要があり，これを**同期化**といいます。

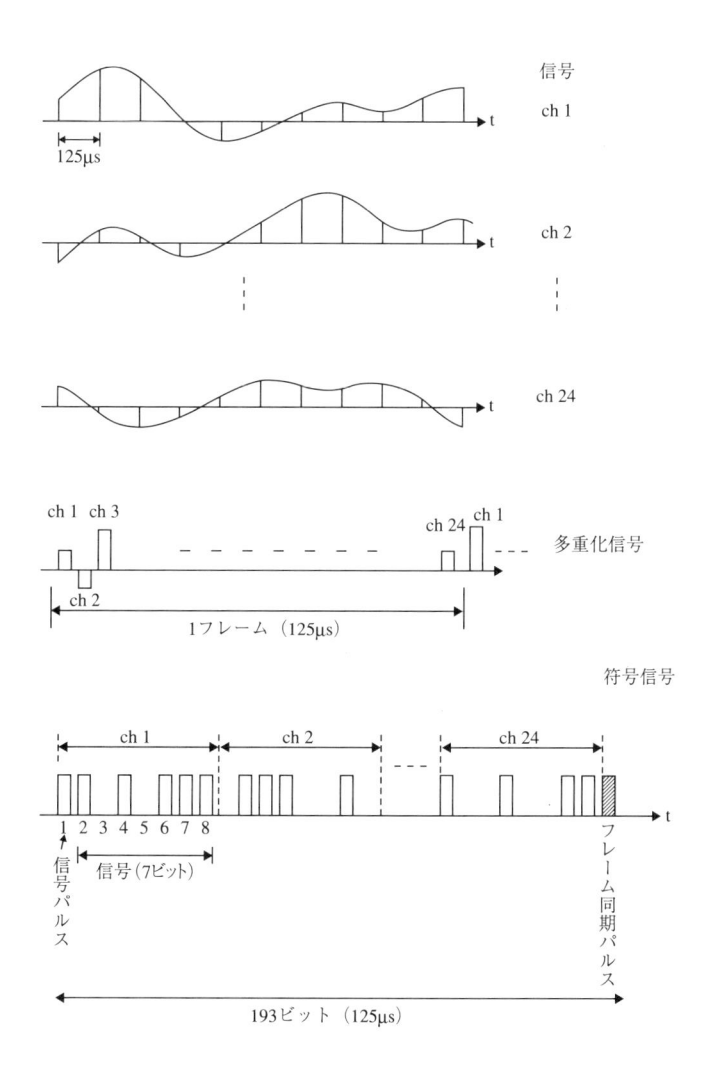

図5.13 時分割による多重化のしくみ

図**5.13**には音声信号を時分割した場合の信号の様子を示しています。音声信号1チャネルの周波数帯域は4 kHzです。標本化定理により各標本化パルスの間隔は125μ秒となります。この125μ秒の中に24チャネル分を挿入します。つまり，125 / 24 = 5.2μ秒の中に8ビットで量子化された信号を作ります。

伝送速度は (8×24 + 1)/ 125 = 1.544 Mb/s となります。なお，これには1ビットのフレーム同期を入れています。

1次群を4個組合わせて2次群（約6.3 Mb/s）を構成し，更に2次群を7個組合わせて3次群（約52 Mb/s）を構成する**ディジタルハイアラーキ**が世界的に標準化され，国際接続が可能となっています。

5.2.3　パケット交換

パケットとは可変長のデータであり，パケット交換は情報をパケットに分割してメモリに蓄積した後に転送する方式です。この方式は主にデータ通信に用いられています。

図**5.14**に**パケット交換**の基本構成を示します。パケットはヘッダー（宛先や発送先などの情報）とユーザー情報（本来の伝送すべき情報）から構成されます。複数の回線から入ってきた長さが異なるパケットは，いったん蓄積され，時間軸上で多重化されて1つの回線に束ねられます。交換装置ではパケットを宛先別に各回線に送り

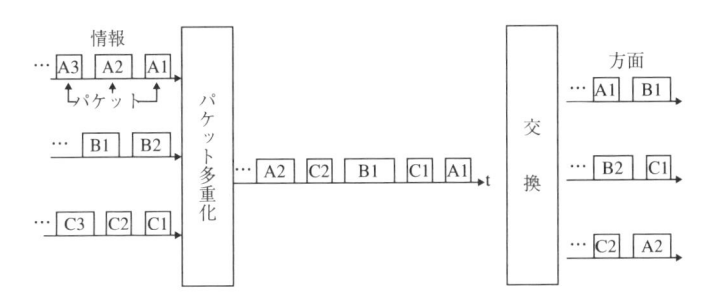

図5.14 パケット交換の基本構成

出します。分解されたパケットは空いている回線を選びながら転送されます。受信側では，全パケットが届いてから順序番号に従って情報が再構成されます。

5.2.4 ATM交換

パケット交換ではデータの経路によって遅延が生じます。この遅延を改善する目的で，セルと呼ばれる短い固定長の固まりで情報を交換します。これは従来の回線交換と異なり同期を必要としないことから**ATM（非同期転送モード）**と呼ばれます。

ATMの基本構成を**図5.15**に示します。セル多重化装置に入ったセルは伝送速度の速い回線に転送されます。同時に到着するセルはセル多重化装置で1セル分蓄積された後に転送されます。交換以外はパケット交換とほぼ同じです。

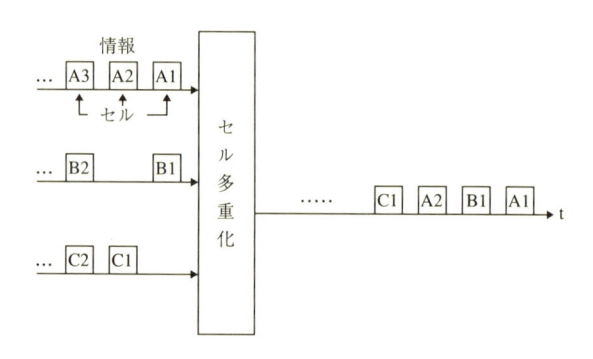

図5.15　ATM交換の基本構成

ATMでは，非同期に転送されているのでセルの衝突を回避するために待ち合わせや競合制御が必要です。

5.2.5　波長多重

波長多重（WDM）は信号を波長軸上に並べる多重化方法です。基本構成を**図5.16**に示します。送信側でnチャネルの信号を$\lambda_1, \lambda_2, \cdots \lambda_n$の波長に変換し，光合波器により1本のファイバーに多重化します。したがって，多波長発振LDが必要となります。これはDFBレーザーのグレーティングの周期などを変えることにより多波長の発振を可能としています。一方，注入電流を変化させて波長を発振させるチューナブルLDが開発されています。受信側では，光分波器によりn個の波長を分離します。

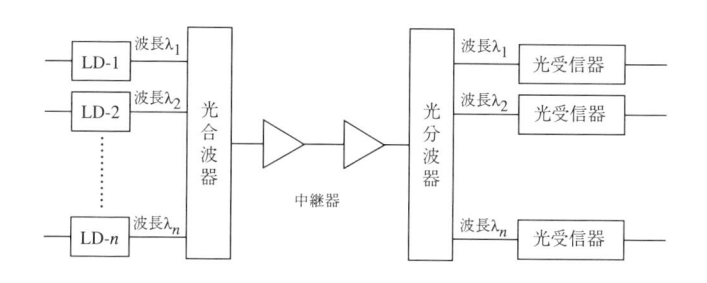

図5.16　WDM基本構成

長距離伝送のためには中継器が必要となります．複数の波長に対して中継器を構成できるように，複数波長の光を直接増幅する光増幅器が用いられています．

5.3　光ネットワーク

インターネットの普及に伴い電子メールやweb上の様々な情報参照・取得が行われ，通信網の負担が急激に増加しています．また，銀行のオンラインシステムに代表されるデータ通信や従来からある電話やファクシミリを用いた通信など私達の身の回りでは，通信の需要が益々増えています．効率良くかつ経済的に相互に情報をやり取りを行うネットワークは重要です．本節では，光ファイバーを用いたネットワークを中心に概説します．

5.3.1 ネットワークの概要

情報を相互に結びつけ，伝達する仕組みをネットワークといいます。近年では，光ネットワークは電気通信の一部に取って代わりつつあります。送信，伝送，受信，増幅などを全て光で行うこと（全光学信号処理）は，現在の技術では実現不可能なため（開発は行われている），光と電気とを混在させて処理を行っています。

5.3.2 交換方式

光通信では，時分割多重（TDM）信号をディジタルパルスに変換して伝送するシステムが用いられています。図5.17に示すようにPCMの再生中継器を用いたシステムが実用化されました。当初，再生中継器は光を電気に変換して再生処理を行い，その後光へ変換して信号を送

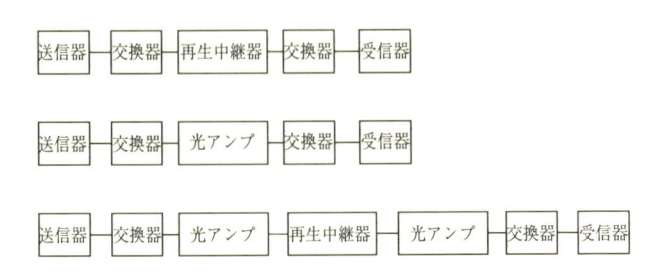

図5.17 光中継システム

出するシステムとなっていました。その後，エルビウム添加光ファイバーが出現したため直接光を増幅する長距離伝送が可能となりました。光アンプと再生中継器を組合わせたシステムも構成できます。

伝送速度は2.5 Gb/sや10 Gb/s等が実用化されており，100 Gb/sも研究されています。この様な高速処理は電気的に実現することは困難であり，今後，全てを光で処理する全光学信号処理システムの開発が急がれます。

5.3.3 ネットワーク

図5.18に示すように，局と各家庭を結ぶ形態として，全て光ファイバーを用いるものと光通信方式とペア線や同軸ケーブル等を用いた他の方式とのハイブリッド形式があります。全てを光ファイバで結ぶ形態を**FTTH**（fiber to the home）と呼びます。一方，ハイブリッド形式としては，金属ケーブルの電話網を併用する**ADS**（active double star）方式，CATV網で用いられている同軸ケーブルを併用した方式，更に，無線で端末まで伝送する方式などがあります。ハイブリッドシステムの利点はTDMにより複数の加入者の信号伝送して経済的であることです。

LAN（local area network）は大学キャンパスやオフィスビル内において個々のコンピュータや端末等を接続するネットワークです。

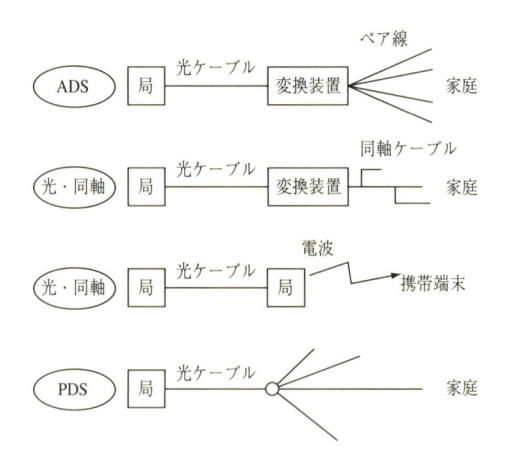

図5.18 光アクセス網

　LANは現在100 Mb/sや1 Gb/sの高速化が実現されています。光ファイバーを利用した場合，単一モード光ファイバー1心で5km，また，多モード光ファイバーで500m伝送可能です。一方，金属ケーブルの場合，4対を使用すると100mしか伝送できません。今後の高速化・大容量化に対して光ファイバーが有用となることがわかります。

　Local areaはいくつかの定義があります。例えば，職場，部署，小さな会社，1つのオフィスビル等です。**図5.19**はLANの1つの例です。この例では，いくつかのコンピュータ，ファイルサーバー，ワークステーション，プリンタやFax等がお互いに繋がっています。Faxは電話線に繋がり，全てのLANはネットワークに接続されインタ

第5章　光通信システム

ーネットを構成しています。

　LANの1つの大切なアイディアは，全ての装置がデータをお互いにやり取りすることです。電線，光ファイバー，無線などを用いて信号が伝送されます。多くの端末は同時にネットワークを利用することができます。例えば，コンピュータ1と2のユーザーはファイルサーバーからデータを取り出し，コンピュータ3はレーザープリンタに出力し，コンピュータ4は別の部署の人とメールをやり取りします。

　光ファイバーは同軸ケーブルより高速で長距離伝送が可能であるため，そのような仕様が要求されるネットワークにおいて用いられています。近年は，**図5.20**に示すように光ファイバーを用いずに，光信号を空間中に伝

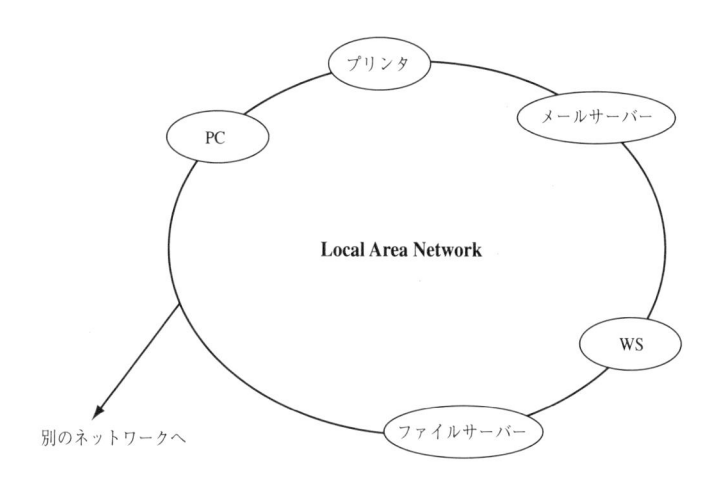

図5.19　LANの構成例

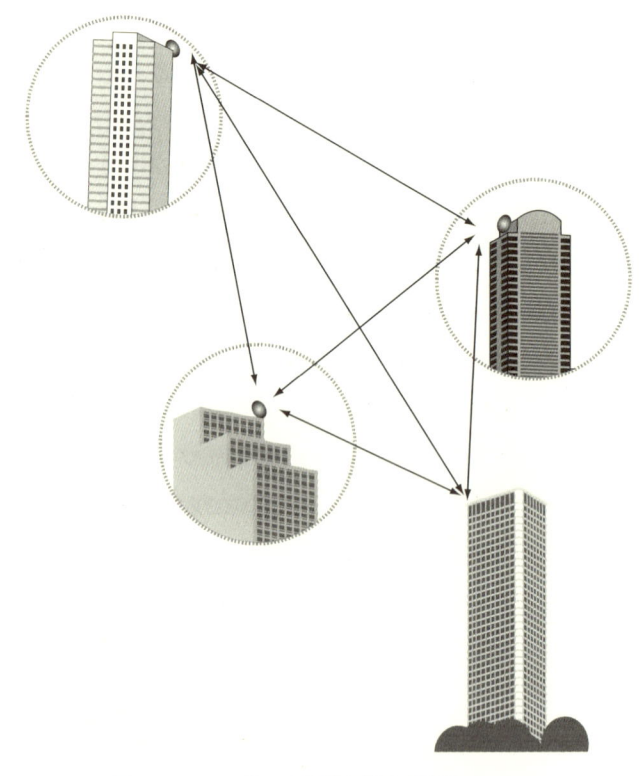

図 5.20 レーザーの空間伝搬を利用した LAN

送するシステムが構成されています。

本章では，光源，送信器，伝送路，受信器等から構成された光通信システムについて概説を行いました。また，光ファイバーシステムで用いられている伝送方式に触れましたが，最新の技術である波長多重方式（WDM）について詳しく触れていません。文献10）に詳細な検討が行われていますので，参照してください。

第6章 光ファイバーのセンサー応用

　光ファイバーはもっぱら通信に使われていると考えている読者も多いかと思います。ところが，ファイバー光学は通信以外にも役に立っています。ファイバーセンサーは，いろいろな方法ではたらく広範囲のデバイスを意味します。最も簡単な光ファイバーの利用は，ファイバーの外側の変化を検出するためのプローブとして利用することです。例えば，温度や圧力などの外界の変化が，ファイバー中を伝搬する光を変化させる性質を利用します。普通の光ファイバーは外界の影響を受けにくいのですが，外界の影響を敏感に受け止めることのできる光ファイバーの特殊な構造をもつデバイスを利用するのです。

　ファイバー光学プローブでは，遠隔点からの光を集めるか，あるいはファイバーで伝送されたサンプリング光を集めることができます。センシング機能から見ると大きく2つに分けることができます。簡単な方は，観測点に光が存在するか，あるいはないかを見るデバイスです。もう一つは，観測点の情報を持って帰ってくる光を集める機能を持ったものです。

　図6.1は，組み立てラインの部品をチェックするための簡単なファイバー光学式プローブを示してあります。一つの光ファイバーが外

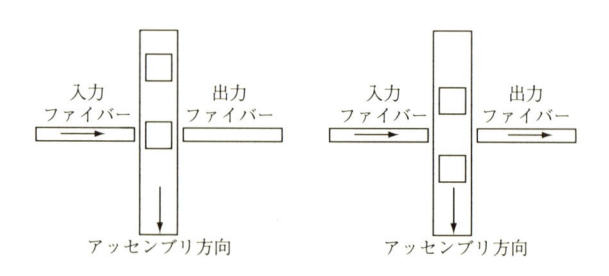

図6.1　組立ラインのファイバー光学式プローブ

部にある光源からの光を伝送します。二番目のファイバーがその光を集めます。部品が組み立てラインのこのファイバー間を通過するとき，部品によって光がさえぎられます。二番目のファイバーに光が到達しないと言うことは，組み立てラインに部品があることを，逆に光が来ないと言うことは，組み立てラインに部品が無いことを意味しています。

　最も重要な応用はセンサーです。ファイバーは光を伝送するだけでなく，外部の影響を受けて光伝送における変化をモニターすることもできます。**ファイバーセンサー**は「圧力」や「温度」を測定でき，さらには方向や回転を測定するためのジャイロスコープとして働く場合もあり，海底における音波を測定するのにも利用されています。

6.1　ファイバーセンシングのメカニズム

　ファイバー中の光の伝搬は周囲の影響を大きく受けます。通信に使う時には，周囲の影響がないようにファイ

バーを保護してあります。センシングに使うときには，周囲の影響をできるだけ受けるように設計しなければなりません。温度あるいは圧力が変化したときに屈折率が変化する材料をドープしたり，溝付きの板の間にファイバーをマウントして，板にかかる圧力で微小曲げを起こさせるなどがあります。世界中の実験室では数え切れないほどのファイバーセンサーが使われています。大量生産されているセンサーはありませんが，多くのセンサーが実際に使われてもいます。

　センシングの基本的なアイデアは，測定したい物理的効果を測定できる形に変換することです。水銀ないしは何か他の液体を使った温度計の例について見てみましょう。温度計の液体は底に入れてあり，中空のガラス管の中を上がるようになっています。液体が1度ごとにどれくらい膨張するかを知って温度計を設計します。たとえば，水銀は1度毎に0.01％膨張します。体積が1cm^{3}の水銀を使うと，1度上がる毎に0.0001cm^{3}だけ体積が増加します。ガラス管の断面積が0.001cm^{2}の場合，0.1cm毎に印を付けると，それが1℃に相当します。このような温度計を設計する場合は，ガラス管の膨張も考慮に入れなければなりませんが，基本的な考え方は以上のとおりです。言い換えると，温度計は，温度という測るのが難しい量を，測定するのが簡単な水銀柱の長さに変換することです。ファイバーセンサーも同じ考えで動作します。測定する量はセンサーを通過する光になります。

たいていのファイバーセンサーは，ファイバー中を伝搬する光に何らかの変化を与えて測定するのですが，変化させる方法は以下の3つです．
1. 光の強度を直接変化させる．
2. 偏光を変える．
3. 透過光の位相を変える．

さらに，実際の測定においては，これらの変化を光の強度の変化に変換しなければなりません．

光の強度を直接変化させる方法は，最も簡単です．材料中にファイバーを埋め込んだクラックセンサーがその例です．材料に変化がない場合は，何の影響もなく光がファイバー中を伝搬していきます．クラックが発生するとファイバーが破損され，通過してくる光の強度が変化します．通過してくる光の強度はクラックの程度に依存します．これは小型のオン－オフセンサーです．たとえば，橋にこのセンサーを設置したとしましょう．光がオンの状態では，重いトラックがわたっても構いません．もし光がオフの場合は橋の材料にクラックが発生していますので，橋をチェックする必要があります．微少曲げを利用したセンサーもあります．**図6.2**に，一対の溝付き板の間にファイバーを通してあり，板にかかる圧力を測定できるセンサーです．板に圧力がかかっていない場合，ファイバーは真っ直ぐの状態で，光は問題なく通過してきます．圧力が板にかかった場合，微少曲げがファイバーに加わり，曲げの部分から光が漏れますので，通

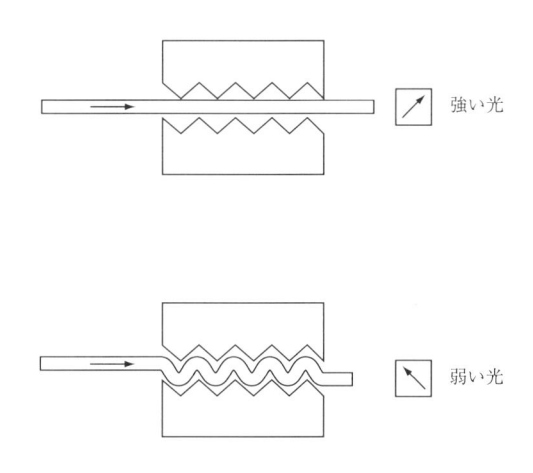

図6.2 ファイバー圧力センサー

過してくる光の強度が減少します。圧力が強くなれば，通過してくる光の強度も減少します。この種のセンサーの特徴は，単に光強度を測定する点にあります。静的な圧力にも音波のような時間的に変化する圧力の測定にも使うことができます。

偏光を利用したセンサーの例は，磁場測定に見られます。磁場中を光が通過するとき，偏光面が回転する**ファラデー効果**を利用するものです。偏光面が回転する角度は磁場の大きさに比例します。しかしながら，偏光角を直接測定するわけではありません。他の検光子をおいて，それを通過してくる光の強度を測定し，その結果から偏光面の回転角を計算するのです。垂直偏光を持つ光を入

射させ，途中，ファイバーを磁場の中におき，出てきた光を垂直偏光を通す検光子を通して測定すると，透過光強度の現象が偏光の回転角に相当します。これは，偏光の変化を，測定が容易な光強度の変化に変換して測定しているのです。

　光の位相変化をセンサーでは，光強度に変化を与える干渉効果を利用して測定します。偏光の位相変化を利用した**圧力センサー**の例を取り上げてみましょう。異なる偏光成分の屈折率を異なる量だけ変化させることによって，両方の偏光の伝搬速度差をセンサーします。出力端で2つの偏光分離し，その一方だけを90°回転させ，光路長を等しくし，その後混合させます。**図6.3**にその様子が描いてあります。2つの偏光に位相差がなければ，すなわち2つの間に遅延が無ければ，出力光強度は高くなります。2つの偏光の位相差が180°の場合，出力は低くなります。この種の干渉型センサーは小さな変化に敏感な特徴がありますが，いくつかの制限もあります。その一つが，干渉を起こすのに十分なコヒーレント光源を使わなければならない点です。したがって，レーザーを光源に使い，光路長を等しくしなければなりません。さらに，360°の整数倍の遅延がない場合と同じ効果を生じますので，何サイクルのシフトかを常にチェックするか，あるいは小さなシフトだけを測定するようにしなければなりません。このセンサーで位相シフトを光強度に変換するためには，2つの信号を比較しなければなりません。

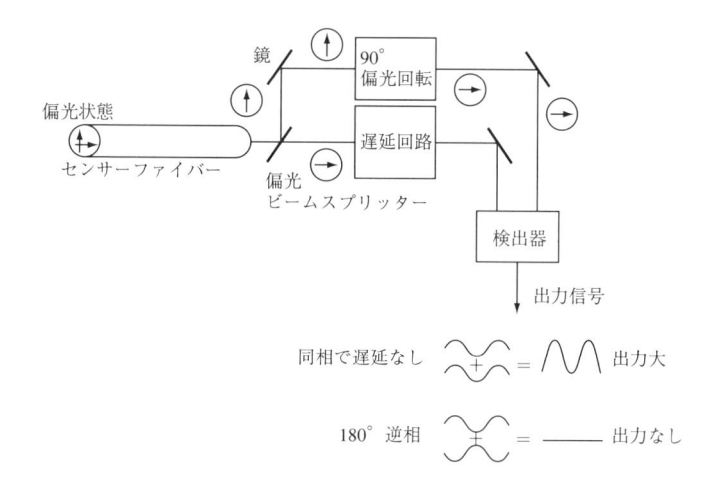

図6.3 偏光の位相変化を用いた圧力センサー

偏光センサーの場合は，信号が圧力によって生じる屈折率変化によって個別に影響を受ける2つの偏光を持っています。二番目のアプローチとして，2つのファイバーを通過する光の位相を比べる方法もあります。この場合，1つのファイバーを観測しようとする環境から遠ざけておき，もう一方のファイバーを環境にさらしてあります。環境にさらされたファイバーの有効長が変化した場合，干渉型検出器内で2つのファイバーからの光を混合させることによって位相変化が測定できます。三番目のアプローチは干渉計そのものをセンサーとして使う方法があります。圧力，温度，その他の条件が変化したとき，共鳴波長の変化を検出します。これが後で述べる干渉型セ

ンサーです。

センサーの有効長の変化を検出するセンサーもあります。屈折率と物理的な長さの変化があります。屈折率が n の材料中を L の距離だけ光が伝搬する時間を t とすると，

$$t = nL/c$$

と書くことができます。ここで c は真空中での光速です。この式にある nL を材料の有効長と呼んでいます。温度の変化は屈折率も物理的な長さも変化させますので

$$t + \Delta t = (n + \Delta n)(L + \Delta L)/c$$
$$\fallingdotseq (nL + n\Delta L + L\Delta n)/c$$

と書くことができます。Δ のついた記号は，温度が変化したことによって変化した部分です。普通は小さな量です。その結果，時間の変化分は

$$\Delta t = (n\Delta L + L\Delta n)/c$$

となります。この量は，センサーから出てくる光の位相差に等しい量です。干渉型検出器でこの変化を検出することができます。ファイバーの物理的長さにだけ影響する温度変化や，屈折率にだけ影響する圧力変化を検出するセンサーも同じ原理で動作します。

6.2 ファブリーペロー型干渉計センサー

2つの異なる光路を通った光に位相差を比較するのではなく，共鳴共振器内の位相シフトを検出するのが**ファイバー・ファブリーペロー型干渉計**です。**図6.4**に描いてあるような，各端面上に反射層を持っているファイバーの一部がセンサーです。光は部分反射鏡を通過し，ある距離隔てたところにある全反射鏡で反射されます。2つの鏡がファブリーペロー型の干渉計となっています。この共振器の長さと屈折率によって決まる波長で共鳴します。共振器の中を往復した距離が材料中の波長の整数倍に等しいとき，すなわち真空中の波長を λ として，

$$N\lambda = 2Ln$$

と書くことができます。これが共鳴の条件です。光の波長が固定されており，共振器の長さが波長に比べて長い

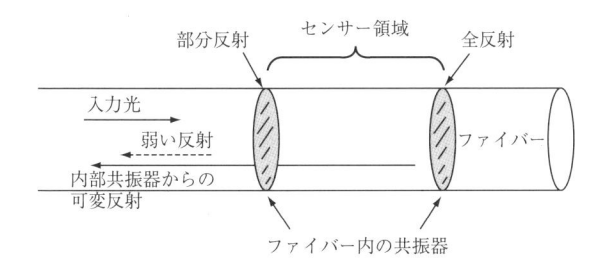

図6.4 ファブリーペロー型干渉計センサー

とき，長さかあるいは屈折率の変化に応じて反射光の強度が変化します。屈折率は長さの変化の20倍だけ変化します。したがって，温度センサーとして使う場合，温度変化が位相シフトを生じます，同じアプローチで，圧力やひずみを検出することができます。

6.3 ファイバーグレーティングセンサー

6.3.1 ファイバーグレーティング

普通の光ファイバーは長さ方向には一様です。ファイバーをどこで切っても，小さな欠陥などを除けば，他のところで切ったものと同じです。ところで，屈折率を長さ方向に規則的に変化させることができます。このような構造は，回折格子と同様に光と相互作用しますので，**ファイバーグレーティング**と呼んでいます。回折格子は，反射性の表面の上に作られた微細な平行線でできています。回折格子の表面から反射される光のでてくる方向は波長によって変わります。したがって，回折格子を使って，光のスペクトルを観測できます。CDの表面で反射された光を見ると，色が付いて見えますが，これと同じ効果です。ファイバーグレーティングの場合，表面の溝の代わりに，材料の屈折率に変化がつけてあります。そ

の変化が，Bragg（ブラッグ）効果によって光を散乱させます。ブラッグ散乱は回折格子による散乱とは正確には同じではありませんが，非常によく似た効果です。ファイバーグレーティングの場合，特定の波長の光だけを反射させます。

6.3.2　ファイバーグレーティングの製作

　紫外線を照射すると，ファイバーのゲルマニウムをドープしたシリカガラス内の一部の原子結合が切断されます。その結果，照射された部分の屈折率が高くなります。**図6.5**に描いてあるような，微細な凹凸のついたシ

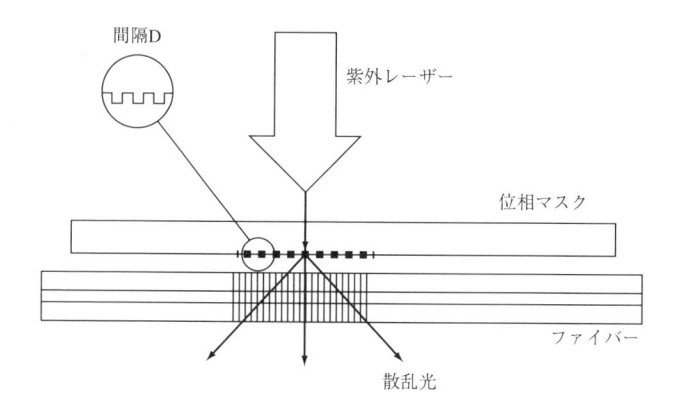

図6.5　ファイバーグレーティングの製作

リカガラス板を通して紫外レーザーを照射することによって，周期的な構造を作ります。この凹凸を持つ板を位相マスクと呼んでいます。位相マスクは，光を2つの方向に分割し，ファイバー上に干渉パターンを作ります。光の強度が強い部分と弱い分が，周期的な縞模様状にできます。強い光が当たった部分のファイバー内では，原子間結合が切れて，屈折率が高くなります。幾何学的な構造から，グレーティングの間隔は位相マスクの間隔の半分になりますので，屈折率の変化量は，紫外レーザーの照射量，ガラスの組成，前処理などによって変わります。普通は，強度の強いパルス紫外レーザーを数分間照射すると，ゲルマニウムをドープしたシリカファイバーの屈折率を0.001％から0.1％程度高くすることができます。レーザーを照射する前に，ファイバーに水素を入れておくと感度が上昇し，1％の大きな変化を起こさせることもできます。この程度の屈折率の大きさの変化は，コアとクラッドの屈折率差に相当する値です。

6.3.3 ファイバーグレーティングによる反射と透過

　ファイバーグレーティングを通過する光に何が起こるかは波長によって変わります。ガラス内の光の波長が，ファイバー中に書き込まれた線の間隔と一致すると，各線はわずかの部分の光を反射させます。間隔が一様な線

第6章 光ファイバーのセンサー応用

がたくさんあると，反射が強くなります。ガラス中の波長は空気中の波長より屈折率分だけ短くなります。反射される波長は，

$$\lambda_g = 2nD$$

となります。n は屈折率で，D はグレーティングの間隔です。たとえば，グレーティングの間隔が 0.44μm，屈折率が 1.5 とすると，反射される光の波長は 1.32μm となります。これ以外の波長の光はグレーティングで反射されずに通過していきます。その結果，ファイバーグレーティングは，簡単なスペクトル線フィルターとして働くことがわかります。完全な動作をする光学デバイスはありません。実際は，ある範囲にわたる波長で反射が起こります。図 6.6 に，11.5525μm に反射のピークを持つグ

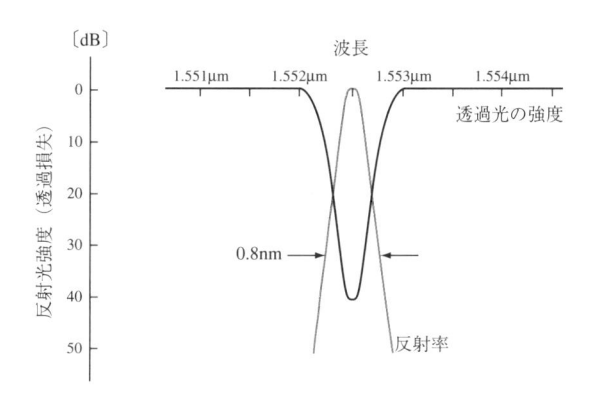

図 6.6 ファイバーグレーティングの反射と透過
(J.Hecht：Understanding Fiber Optics (Third Edition), Prentice Hall, 1999, p132)

レーティングの測定例が描いてあります。その波長における反射率は40 dBで，グレーティングが光の10^{-4}を反射します。反射の幅は約0.8 nmです。これ以外の波長の光は，グレーティングがなかったかのように通り過ぎていきます。

　グレーティングの反射率が波長に対してどのように変化するかは，グレーティングの構造によって決まります。すなわち，グレーティングの屈折率変化した部分が，薄く，微細で，間隔が等しいほど狭い波長範囲でのみ反射が起こります。屈折率変化を大きくしようと，強い紫外レーザーを照射すると，反射率が上がると同時に，反射率のピークの幅が広くなる傾向があります。市販のデバイスでは，数十分の一から数nmの範囲にあるのが普通です。通信用の波長分散多重化に利用する際には，できるだけこの波長幅の狭いものが必要になってきます。そのためのグレーティング構造の工夫もされるようになってきました。グレーティングの間隔を等しくしないで変化させたりすることも実施されています。が，この話題についてはこの程度でやめておきます。専門の本を見てください。

　ファイバーグレーティングは1つ以上の波長を選択できる性質を持っており，このために多波長の信号を伝送するシステムにおいて重要になります。他の光デバイスでも同じ種類の動作が可能ですが，ファイバーグレーティングは非常に狭い波長範囲を選択できることと，何

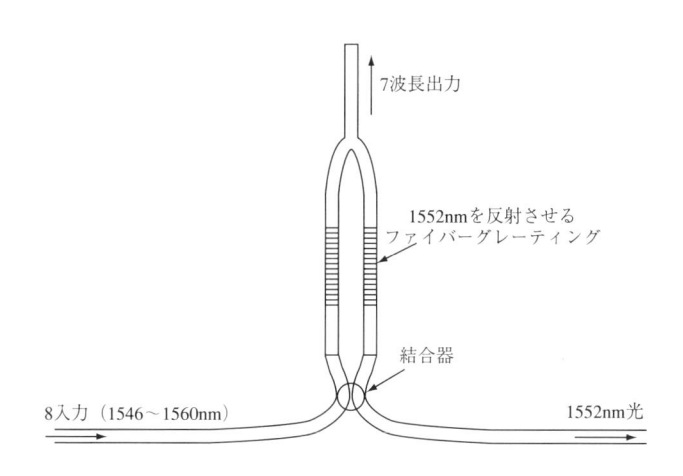

図6.7 ファイバーグレーティングを利用した波長選択器

をおいても，ファイバー光学システムに組み込むことが極めて容易な点は魅力です。ファイバーグレーティングの応用例を**図6.7**に描いてあります。1546 nmから1560 nmの間で，2 nmごとに異なる8つの波長の信号を同時に伝送しているシステムです。このシステムの中に1552 nmを反射させるファイバーグレーティングを挿入します。8つの信号の内，1552 nmの信号だけが反射されて，別のファイバーを通るようになっています。

6.4　ジャイロスコープ

通信以外にセンサーとしての応用もあります。その一

つが，回転方向を検出するためのジャイロスコープです。ループ状のファイバーの軸の周りの回転を光学的に検出するのがジャイロスコープです。航空機やミサイルにとっては核心的な技術です。**ファイバージャイロスコープ**は，可動部品がない，信頼性が高い，ウォームアップ時間が不要で瞬時にスタートできるなどの長所を持っています。**図6.8**に，ファイバージャイロスコープの動作を描いてあります。一つの光源から出てきた光を2つのビームに分け，単一モードファイバーのループの互いに反対側の端に入れます。絵では1回しか巻いてありませんが，実際には長いファイバーを円筒状に多数回巻いてあります。半径 r のファイバーループ内を伝搬するのに一定の時間がかかりますが，その間にループが小さな角度 θ だけ回転したとしましょう。この回転によって，光の伝搬のスタート点が Δ だけ移動したことになります。ループの回転と同じ方向に伝搬している光は，スタート点まで戻るのに $(2\pi r + \Delta)$ だけ伝搬しなければなりません。一方，回転方向と逆の方向に進んでいる光は $(2\pi R - \Delta)$ だけ進めばスタート点に戻ることができます。このわずかな距離の差は，2つの光ビームを重ね合わせたときの位相差に相当します。Sagnac効果と呼んでいるこの位相差を，干渉計で検出します。ファイバージャイロスコープは，簡単な原理で動作し，安価であるために，使い捨てになるミサイルなどに有効でしょう。さらに，自動車のカーナビにおけるグローバル位置検出衛星

第6章　光ファイバーのセンサー応用

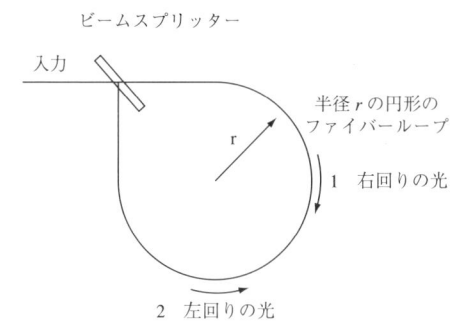

図6.8　ファイバージャイロスコープの動作原理

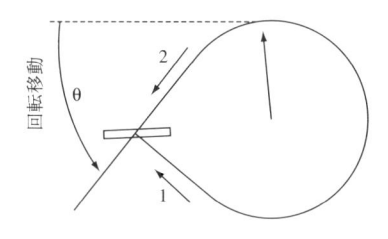

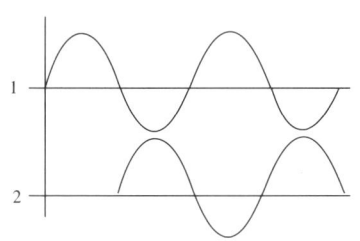

（GPS）受信機にも搭載されるでしょう。

6.5 OTDR

　センサーとは，ちょっと意味が違うのですが，環境の変化を測定する方法としてファイバー中を伝搬する速度，ないしは時間を利用する方法が，これからお話しする**光学式時間領域反射率計（OTDR）**です。原理はレーダーと同じで，短パルス光をファイバーに入れ，反射されてくる光をモニターするものです。時間の関数として反射光をプロットすると，ファイバーの中のどこで環境の変化による損失が発生したかがわかります。**図6.9**に，典型的なOTDRプロットしたものを示してあります。底辺に書き込んである距離のスケールは，光パルスが戻ってくるまでの時間から計算したものです。光パルスは高速で進みますし，それを検出したり信号を処理するエレクトロニクスの速度のために，本装置から数mから数十mの範囲では使えません。これがデッドゾーンです。環境の影響を受けないファイバーの長さによって，信号強度が徐々に減少してきます。図の勾配が損失です。信号強度にピークが見られますが，これが戻り光です。もっとも大きなピークは端面からの反射です。次の大きなピークは，コネクター部からの反射です。注意深く眺めると，コネクター部の反射ピークの前後の信号強度がわずかに

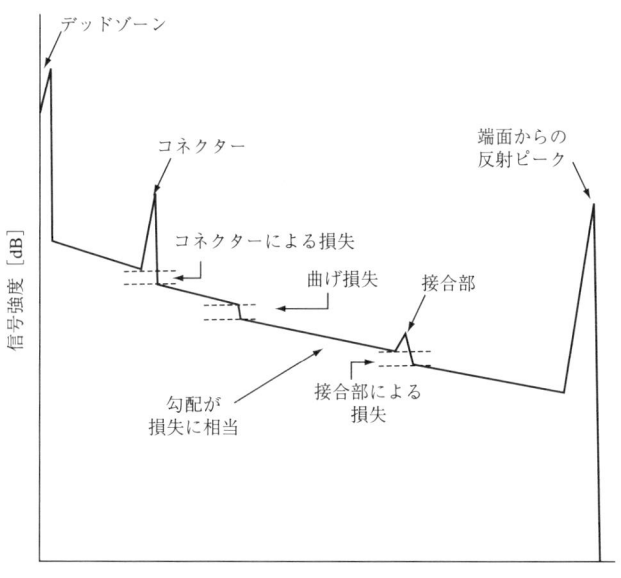

第6章 光ファイバーのセンサー応用

図6.9 OTDRプロット

変化しています。この変化（低下）は，コネクターにおける損失を表しているのです。接合部でも反射が現れており，損失もあることがわかります。ほかに，鋭い曲げ部における損失もあります。この分からの反射は見られません。

OTDRの主な魅力は，便利なこととファイバーの欠陥を遠くから見つけだすことができる点にあります。数十kmもあるような長いファイバーの一端から検出できるのです。ただし，途中で切れているファイバーについては

使うことはできません。あくまでも，一本の長いファイバーにしか使えません。一端から光を入れて，反射光を観測します。時間とともに，ゆっくり弱くなる信号が観測されれば，そのファイバーには問題がないことがわかります。何らかの急激な減少が現れると，その位置に欠陥があることがわかります。ほぼ数mの範囲内で位置を特定できます。OTDRを使う上で注意しなければならい点もあります。それは，光の伝搬損失を直接測定するほど正確さはないことです。あくまでも，装置の方向に戻ってくる光の変化を測定しているだけです。

　光ファイバーそのものを使って何かを検出するためのセンサーとして働かせることが可能です。また，ファイバー内に周期的な屈折率分布をつくることで，グレーティングができます。グレーティングは，特定の波長だけを反射させる働きを持っていますので，温度や歪みの変化が回折格子の周期を変え，その結果反射波長が変化します。このようなファイバーグレーティングは，波長選択特性を使った通信応用だけでなく，歪みのセンサーとしても有効です。光ファイバーを使ったセンサーの特徴は，電波を含む電気信号を使ったものと大きく異なる点は，雷などの外部電気力による影響を受けないことにあります。電気と相互作用のないことから，今後益々その重要性は増してくるでしょう。

第7章

新しいファイバー

　光ファイバーは，光を導くものですが，それ以外にレーザー媒質や増幅器としても利用されるようになってきました。半導体レーザーとならんで，光通信に重要なデバイスであるばかりでなく，新しいデバイスとしても注目されるものです。この章では，新しいファイバーとして，ファイバー増幅器とファイバーレーザーについてお話しします。さらに，規則的な中空構造を持つファイバーが，特別な機能を持つことについてもお話しすることにします。

7.1　ファイバーレーザーと増幅器

　レーザーは，誘導放出によって発生した光のことです。太陽や電球などの通常の発光体から出ている自然放出と本質的に異なるものです。普通，原子や分子はエネルギーを吸収し，それを直ちに放出します。このときに光を出します。これが自然放出です。自然放出では，あらゆる方向に，いろいろな波長の光を出します。原子や分子がある励起状態からより低いエネルギー状態に落ちるときに，そのエネルギー差に相当するエネルギーを持つ

光子（フォトン）を放出するとも言えます。原子が高いエネルギーの状態に留まっている場合，エネルギー差に等しいエネルギーを持つ光子の刺激を受けて光を出すことを**誘導放出**といいます。このときの光の波長は，刺激を与えたフォトンのエネルギー（すなわち，光の波長）と全く等しいことが特徴です。ひとたび誘導放出が起こると，次々に連鎖反応が起こり，その結果出てくる光は強くなるのです。

　励起状態にある原子あるいは分子の数と下の状態にある原子や分子の数を比べると，通常の場合はエネルギーの低い下の状態にあるものの方が多くなります。ところが，高いエネルギーを持つパルスでレーザー媒質を攻撃すると，高い状態にある原子の方が多くなります。これは普通の状態と逆の状態なので，**反転分布**と呼んでいます。このような反転分布が生じている媒質の中を，光が通過すると，入った光よりはるかに強い光が出てきます。これが光増幅ないしはレーザー発振です。**図7.1**に，ファイバー増幅器で使われる発光原子である**エルビウム**（**Er**）のエネルギー状態を書いてあります。0.98μmと1.48μmの波長を持つ光子が，エネルギーの最も低い状態である基底状態から，二つある励起状態のうちに一つに持ち上げます。上にある励起状態は不安定ですので，下の励起状態に移動します。その際，過剰のエネルギーを放出することは言うまでもありませんが，この場合は光となって放出するばかりでなく，熱となって放出されることも

第7章 新しいファイバー

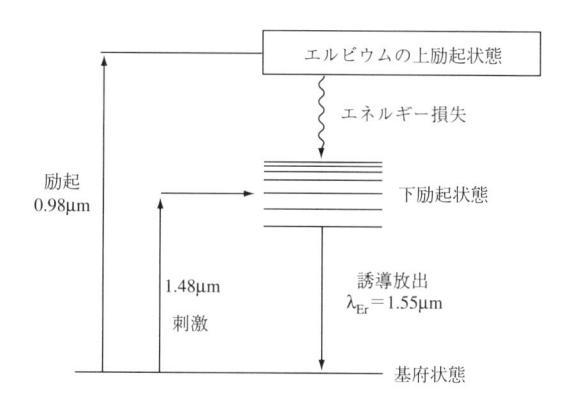

図7.1 エルビウム原子の誘導放出

あります。この状態にあるエルビウム原子に，1.55μm付近の光で刺激すると，励起状態にある原子はエネルギーを失って基底状態に戻ります。このとき，誘導放出が起こり，他のエルビウム原子からも光の放出が生じます。誘導放出は多くの結晶，ガラス，その他の材料で生じます。たいていの場合，ほんの数原子が誘導放出に関係しているのです。これらの原子はガラスのような材料に添加されています。この場合，ガラスそのものは誘導放出を起こすことはありません。誘導放出を起こす原子の母体となっているだけです。**ファイバー増幅器**の場合，少量のエルビウム原子がファイバー材料であるガラスに添加されているのです。誘導放出を起こす原子としてはエルビウムに限りません。原子構造を考えると，周囲の原子の影響を受けにくい「**希土類原子**」が望ましい原子と

なります。エルビウムも希土類原子の仲間です。他にはパラセドジミウス（Pr），ネオジウム（Nd），ジスプロシウム（Dy），イッテルビウム（Yb）などがあります。原子によって発光波長が異なります。また，母体材料によっても異なりますので，増幅したい光信号波長によって発光原子と母体材料の最適な組み合わせを選ばなければなりません。

　誘導放出によって光の振幅が大きくなります。これが**光増幅**です。正しい波長の弱い光信号が，誘導放出によって強い光信号に変化します。ファイバー増幅器では，誘導放出を起こす原子が光ファイバーの中にばらまかれています。図7.2に，誘導放出を起こす原子としてエルビウムを使ったファイバー増幅器が描いてあります。光ファイバーのコア部分にだけエルビウムが存在します。外からファイバーに入射させた0.94μmあるいは1.48μmの波長のレーザー光がエルビウム原子を励起して，励起

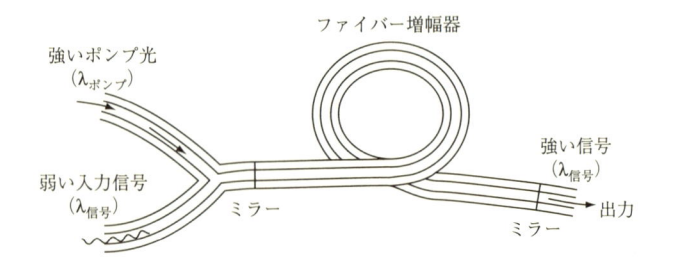

図7.2　ファイバー増幅器のコア内を伝搬するポンプ光と増幅された信号
（J.Hecht：Understanding Fiber Optics (Third Edition), Prentice Hall, 1999, p127）

状態にあるエルビウム原子の数を，エネルギーの低い基底状態にある原子の数より多くします．これが反転分布です．この状態にあるファイバーコアの中に，エルビウムの発光波長に一致する光信号を入れてやると，誘導放出によって光信号が強められます．最も簡単なファイバー増幅器の構造は，屈折率を高くするためのドーパントを一緒にエルビウム原子をコアに添加したものです．通信などに利用する場合は，エルビウム原子を励起するためのポンプ光（波長＝$\lambda_{ポンプ}$）と信号光（$\lambda_{信号}$）の両方の光をコアに入れます．もっと強い光を得るためには，ファイバーの横方向から励起する構造のものも可能です．

7.2 ファイバーレーザー

ファイバー増幅器は，誘導放出を利用して光信号強度を強くするものですが，このファイバーの両端にミラーを置くことによってレーザーにもなります．すなわち，ファイバー内に発生した光を種にし，ミラー間を何度も往復する内に自分自身で増幅し，強い光となって出てくるのです．**図7.3**に，レーザーの簡単な構成を描いてあります．ファイバーの一端に，ポンプ光（$\lambda_{ポンプ}$）は通過し，レーザー光を反射させるようなミラーをおき，このミラーを通してポンプ光をファイバーコアに入射させます．もう一方の端のミラーはポンプ光は完全に反射させ

ファイバー光学の基礎

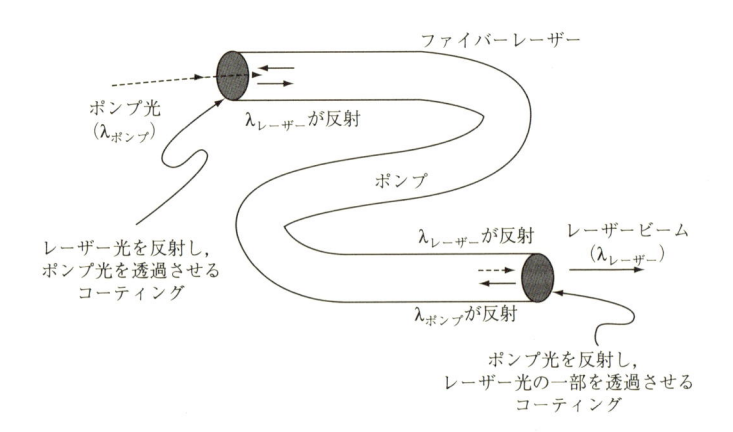

図7.3 ファイバーレーザー
(J.Hecht：Understanding Fiber Optics (Third Edition), Prentice Hall, 1999, p129)

ますがレーザー光の一部は通過させる性能を持っています。ミラー間を往復する間に増幅され，強くなった光がこのミラーを通して外に出て，レーザー光となるのです。これが**ファイバーレーザー**です。ファイバーレーザーは発振器ですので，ポンプ光以外の外部入力を必要としません。ファイバー増幅器が，外部信号を増幅するのと異なる点はここにあります。また，構造も上にお話ししたように，ファイバーの一端からポンプ光を入れなくても，ファイバーの横から励起することも可能です。このために，いろいろな形のファイバーレーザーが可能です。すなわち，自由な形状のレーザーが可能だということがファイバーレーザーの最大の特徴です。**図7.4**にあるように，ディスク，チューブ，シート，ロッド，リングの形状を持ったレーザーを作ることができます。しかも，電

第7章 新しいファイバー

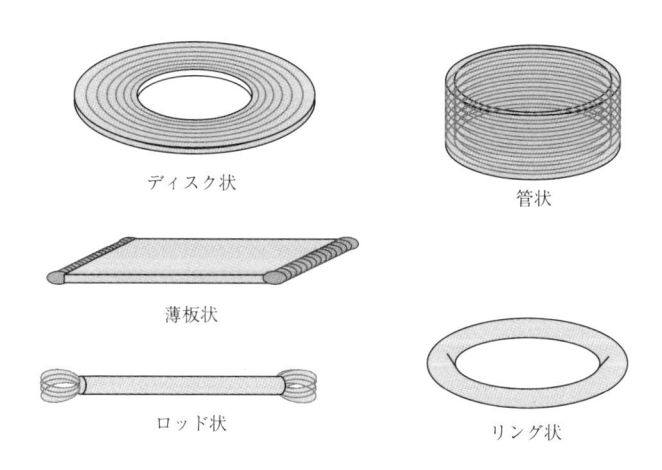

ディスク状

管状

薄板状

ロッド状

リング状

図7.4 いろいろな形のファイバーレーザー
(植田憲一：レーザー研究、Vol.30(2002)p.285)

力輸送において，一本で送ることのできる電力は電線の太さで決まっているのですが，より線にすることによって格段にたくさんの電力を遠くに送ることができる技術と同じく，たくさんのファイバーを束ねることによって，極めて強い光を発生させることが可能になるのです。鉄板の切断や溶接に使えるほどの出力を得ることができるのです。しかも，ファイバーを使って遠くに送ることも容易ですので，増幅部と伝送部の両方を持つファイバーを作るだけで，簡単に発信と伝送が可能になります。レーザーの歴史を見ると，ヘリウム－ネオンやアルゴンといったガスから，YAGなどの固体，そして半導体などのいろいろな種類のレーザーが開発されてきました。しかしながら，将来を予想するとすれば，特殊な場合を除い

て，小型で出力の強い半導体レーザーと形状が自由なファイバーレーザーがもっとも有望なレーザーだと言えるでしょう。

　エルビウムをドープしたファイバーレーザーのもう一つの特徴は，**短パルスを発生**させることができる点にあります。そのためには，**図7.5**にあるように，ファイバーレーザーをリング状に配置します。このような構造を使って，光が一周するのに必要な時間だけ離れたパルス列を作ることができます。変調器を挿入して，モード同期と呼ばれる技術を利用して，パルスの発生をコントロールします。発生されるパルスは1ps（10^{-12}秒）以下

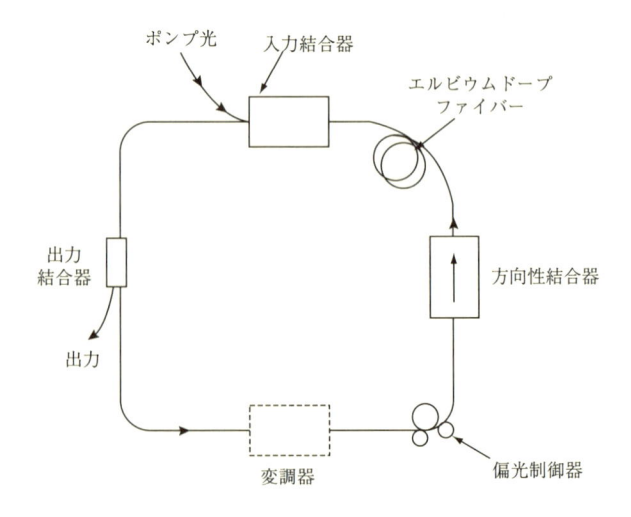

図7.5　エルビウムファイバーリングレーザー
（J.Hecht：Understanding Fiber Optics (Third Edition), Prentice Hall, 1999, p.182）

の時間幅を持っています。このような短パルスは高速通信にとって，無くてはならないものです。

7.3　フォトニック結晶ファイバー

　シリコンやゲルマニウムなどの半導体結晶の中では，規則的に並んだ原子の海の中を自由な電子が運動するとき，その電子は特定のエネルギーしか持つことができません。これが**バンド構造**と言われるものです。バンド構造では，電子が一杯詰まっているエネルギー域を価電子帯，電子が存在しないけれど電子の存在が可能なバンドの中で一番エネルギーの低いエネルギー帯が**伝導帯**です。価電子帯と伝導帯の間には，電子が持つことのできないエネルギー領域があります。これが**禁止帯**とか**バンドギャップ**と呼ばれるものです。難しい言葉で言うと，周期的なポテンシャルの中を運動する電子には，取ることのできないバンドギャップと呼ばれるエネルギー範囲が存在します。光の世界で，半導体と同じ状況を作ることができたら，光のバンド構造とバンドギャップができるはずです。このようなアイデアが出たのは1987年のことです。それから数年たってから，規則的に配列された屈折率分布構造が実現され，光のバンドギャップの存在が実証されたのです。このような性質を示す物質はフォトニック結晶と命名されました。フォトニック結晶におけ

るバンドギャップは，ある波長を持つ光波は伝搬できないことを意味しています。レーザーのミラーやフィルターに利用されている誘電体多層膜は，異なる屈折率を持つ二種類の材料を一定の厚さの繰り返し構造とした多層膜は，特定の波長の光だけを反射し，この構造中を伝搬できないようにしているものですが，実はこれも一次元のフォトニック結晶と言えます。さらには，前にお話したファイバーグレーティングも同じ種類の構造です。ファイバーグレーティングは，ファイバーの長さ方向に屈折率分布を作った構造を持っていますが，断面内に屈折率分布を作った構造がフォトニック結晶ファイバーです。断面内の屈折率分布は，ガラスと空孔を組み合わせて作ります。

　ところで，このような**フォトニック結晶ファイバー**には大きく分けて二種類存在します。一つは，コアにガラスを使い，クラッド部に周期的な空孔を配置した構造のもので，**屈折率導波型フォトニック結晶ファイバー**あるいは簡単にフォトニック結晶ファイバーとか**ホーリーファイバー**と呼んでいます。光は屈折率の高い領域の閉じ込められる性質を持っていることから，普通のファイバーは，クラッド部より屈折率の高いコアを作るために，コアにはゲルマニウム，リン，チタンなどの酸化物を混ぜて作られています。あるいは，クラッド部にフッ素を添加することによって，屈折率を下げ，屈折率の高いコアに閉じ込める構造を持っています。フォトニック結晶

図7.6 中空フォトニック結晶ファイバ
（野田進：OPTRONICS, No.235（2001年7月号）p183）

ファイバーでは，屈折率が1.45のガラスと屈折率が1の空気，すなわち空孔を組み合わせて屈折率の低いクラッドを作り，屈折率の高いコアに光を閉じ込める構造を持っています。もう一つのフォトニック結晶ファイバーは，従来の光ファイバーがコアとクラッドの界面における全反射の性質を利用しているのと異なり，二次元ブラッグ反射構造を持つファイバーで，**フォトニックバンドギャップ型フォトニック結晶ファイバー**，あるいは簡単に**フォトニックバンドギャップファイバー**と呼んでいます。ファイバーの断面内の二次元方向に周期構造を持っており，コアが空気で，クラッドの屈折率の方がコアよりも高い場合でも光を閉じ込めることができるのが特徴です。このために，ガラスの欠点である損失や分散を極めて低くできるようになりました。フォトニック結晶ファイバーの断面の一例を**図7.6**に示してあります。

フォトニック結晶ファイバーは，**図7.7**に描いてあり

ファイバー光学の基礎

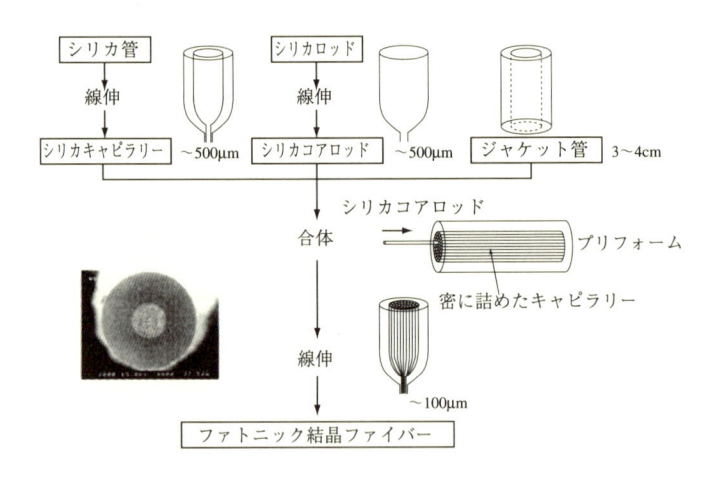

図 7.7
（中沢正隆：レーザー研究, Vol.30(2002)p.429）

ますように，ガラス管を束ねてプリフォームを作り，それを線引きする事によって作るのが一番簡単な方法です。ガラス管を束ねた後で，真ん中のガラス管をロッドに変えてやれば，できたファイバーの中心は中空ではなく，ガラスになります。もとのガラス管の厚さや直径などを工夫すれば，任意の断面形状を持つフォトニック結晶ファイバーができ上がります。

　この章では，ファイバーにエルビウムをドープすることによって作った，ファイバー増幅器やファイバーレーザーについてお話ししました。遠方からも励起することができ，遠距離通信に重要な役割を果たすでしょう。さらには，任意の形状を持つレーザーが実現で

きました．フォトニック結晶ファイバーは，開発途上にあり，今後益々新しい機能が開発されていくものと思われます．楽しみな世界が開かれそうです．注目していてください．

参考文献

本書では，以下の文献を参照させて頂いた。

1) 大越孝敬，岡本勝就，保立和夫：「光ファイバ」，オーム社，1983.
2) 末松安晴，伊賀健一：「光ファイバ通信入門（改訂2版）」，オーム社，1983.
3) 左貝潤一：「光通信工学」，共立出版，2000.
4) 左貝潤一，杉村 陽：「光エレクトロニクス」，朝倉書店，1993.
5) J.Hecht：Understanding Fiber Optics (Third Edition), Prentice Hall, 1999.
6) 平松啓二：「通信方式」，コロナ社，2001.
7) 山下不二雄：「通信工学概論」，森北出版，1999.
8) 辻井重男，河西宏之，坪井利憲：「ディジタル伝送ネットワーク」，朝倉書店，2000.
9) 加鳥宣雄：「光通信ネットワーク入門」，オプトロニクス社，2001.
10) 波平宜敬 編：「DWDM光測定技術」，オプトロニクス社，2001.
11) 植田憲一：レーザー用先端光学材料としてのファイバ，レーザー研究，Vol.30(2002).
12) 野田進：フォトニック結晶とその狙い，OPTRONICS, No.235（2001年7月号）．
13) 中沢正隆：フォトニック結晶ファイバ，レーザー研究，Vol.30(2002).
14) Dennis Derickson：Fiber Optics - Test and Measurement -，Prentice-Hall, 1998.
15) Andreas Othonos and Kyriacos Kalli：Fiber Bragg Gratings - Fundamentals and Applications in Telecommunications and sensing -, Artech House, 1999.

ファイバー光学の基礎

索引

【A〜Z】

ADS ……………………………………… 163
ATM（非同期転送モード）……………… 159
Bragg（ブラッグ）効果 ………………… 177
CMI符号 ………………………………… 156
Er ………………………………………… 188
FTTH ……………………………………… 163
InGaAs検出器 …………………………… 87
LAN ……………………………………… 163
LASER …………………………………… 122
LED ……………………………… 117, 143
LPモード ………………………………… 35
NRZ符号 ………………………………… 156
OTDR …………………………………… 184
pinフォトダイオード …………………… 136
PMMA …………………………………… 78
PMMAファイバー ……………………… 78
RZ符号 …………………………………… 156
TEモード ………………………………… 32
TMモード ………………………………… 33
VAD法 …………………………………… 73
WDM …………………………………… 160

【ア】

圧力センサー …………………………… 172
アバランシェフォトダイオード ………… 140
アモルファス …………………………… 64
位相 ………………………………… 85, 94
イメージファイバー …………………… 13
イラディアンス ………………………… 87
エネルギー構造 ………………………… 120
エルビウム（Er）……………………… 188

応答時間		134
応答性		132
応答速度		133

【カ】

開口数		6
回折格子		101
価電子帯		120
カルコゲナイド		81
気相堆積法		71
希土類原子		189
基本モード		35
逆相		94
吸収係数		57
吸収損失		57
強度		88
禁止帯		195
屈折率		106
屈折率導波型フォトニック結晶ファイバー		196
クラッド		68
クラッドモード		7
グレーデッドファイバー		18
群遅延		43
結晶		64
ゲルマニウム		69
減衰		62
コア		68
光学式時間領域反射率計（OTDR）		184
光子		90
構造不完全性による損失		57
固有値方程式		31

【サ】

再生器		150
材料分散		43
散乱		59
散乱係数		57

散乱損失 ………………………………………… 57, 60
軸方向堆積法 ………………………………………… 71
自己位相変調 ………………………………………… 10
時分割多重 ………………………………………… 156
弱勾配近似 ………………………………………… 38
弱導波近似 ………………………………………… 35
遮断周波数 ………………………………………… 32
遮断波長 ………………………………………… 32
縮退 ………………………………………… 24
主モード数 ………………………………………… 40
シリコン検出器 ………………………………………… 87
真空紫外光 ………………………………………… 58
振幅 ………………………………………… 84
スート ………………………………………… 68, 70
スカラー波近似 ………………………………………… 38
ストライプ形2重ヘテロ半導体レーザー …………… 145
スネルの法則 ………………………………………… 1
スペクトルアナライザー ……………………………… 97
正規化周波数 ………………………………………… 31
正規化横方向位相定数 ………………………………… 31
正規化横方向減衰定数 ………………………………… 31
正孔 ………………………………………… 120
全反射 ………………………………………… 3
ソリトン ………………………………………… 10
損失 ………………………………………… 56

【タ】

太陽電池 ………………………………………… 129
多重化 ………………………………………… 156
立ち上がり時間 ……………………………………… 133
単一モード光ファイバー ……………………………… 35
単一モードファイバー ………………………………… 20
短パルスを発生 ……………………………………… 194
遅延時間 ………………………………………… 133
中空ファイバー ……………………………………… 82
中赤外ファイバー ……………………………………… 80

ディジタルハイアラーキ ……………………………………… 158
デシベル …………………………………………………………… 62
伝導帯 ………………………………………………………… 120, 195
伝搬損失 …………………………………………………………… 56
伝搬モード ………………………………………………………… 32
同期化 …………………………………………………………… 156
同相 ……………………………………………………………… 94
導波モード ………………………………………………………… 32
ドーパント ………………………………………………………… 69
ドープ …………………………………………………………… 68
ドップラーシフト ………………………………………………… 114
ドローイングタワー ……………………………………………… 73

【ハ】
ハイブリッドモード ……………………………………………… 33
パケット交換 …………………………………………………… 158
波長 ……………………………………………………………… 84
波長計 …………………………………………………………… 105
波長多重(WDM) ………………………………………………… 160
波長分散 ………………………………………………………… 43
パルス符号変調 ………………………………………………… 154
パルス分散 ……………………………………………………… 21
反転分布 ………………………………………………………… 188
半導体検出器 …………………………………………………… 129
半導体レーザー ……………………………………………… 121, 145
バンドギャップ ……………………………………………… 121, 195
バンド構造 ……………………………………………………… 195
バンド幅 …………………………………………………… 133, 134
ピークパワー …………………………………………………… 88
光検出器 ………………………………………………………… 86
光増幅 …………………………………………………………… 190
光パワー ………………………………………………………… 85
非晶質 …………………………………………………………… 64
ビットエラー …………………………………………………… 152
非同期転送モード ……………………………………………… 159
標本化 ………………………………………………………… 154

ファイバー光学の基礎

ファイバー・ファブリー・ペロー型干渉計 …………………………… 175
ファイバーグレーティング …………………………………………… 176
ファイバージャイロスコープ ………………………………………… 182
ファイバーセンサー …………………………………………………… 168
ファイバー増幅器 ……………………………………………………… 189
ファイバーレーザー …………………………………………………… 192
ファブリー・ペロー干渉計 …………………………………………… 99
ファラデー効果 ………………………………………………………… 171
フォトトランジスター ………………………………………………… 139
フォトニック結晶ファイバー ………………………………………… 196
フォトニックバンドギャップ型フォトニック結晶ファイバー …… 197
フォトニックバンドギャップファイバー …………………………… 197
フォトン ………………………………………………………………… 90
符号化 …………………………………………………………………… 155
フッ化物 ………………………………………………………………… 81
プラスティックファイバー …………………………………………… 77, 79
Bragg（ブラッグ）効果 ………………………………………………… 177
プランクの定数 ………………………………………………………… 90
プリフォーム …………………………………………………………… 66
分散 ……………………………………………………………………… 7, 42
分散シフトファイバー ………………………………………………… 22, 44
平均パワー ……………………………………………………………… 88
ベクトル波動方程式 …………………………………………………… 38
ヘテロ構造 ……………………………………………………………… 145
偏光 ……………………………………………………………………… 85, 96
偏光モード分散 ………………………………………………………… 24
偏波分散 ………………………………………………………………… 46
放射モード ……………………………………………………………… 32
ホーリーファイバー …………………………………………………… 196
ポリメチル・メタクリレート ………………………………………… 78

【マ】

マイケルソン干渉計 …………………………………………………… 108
マクスウェル方程式 …………………………………………………… 28
面発光レーザー ………………………………………………………… 124
モード …………………………………………………………………… 16

モードフィールド径 …………………………………… 16
モード分散 ……………………………………………… 17
【ヤ】
　誘導ブリリアン散乱 ………………………………… 9
　誘導放出 …………………………………………… 188
　溶融シリカ ………………………………………… 68
【ラ】
　ラゲール・ガウスモード …………………………… 41
　ラゲールの陪多項式 ………………………………… 40
　ラマン散乱 …………………………………………… 11
　量子化 ……………………………………………… 155
　量子化雑音 ………………………………………… 155
　量子効率 …………………………………………… 132
　臨界角 ………………………………………………… 2
　レイリー散乱 ………………………………………… 60
【ワ】
　ワット ………………………………………………… 85

著者紹介

黒澤　宏（くろさわ　こう）　　　　　　　　（執筆担当：第3章，第4章，第6章，第7章）

宮崎大学 工学部電気電子工学科 教授　　工学博士

昭和21年3月7日　兵庫県生まれ。大阪府立大学大学院博士課程満期退学後，同大学助手，講師，助教授を経て平成3年より宮崎大学 工学部 教授。平成11年～13年，岡崎国立共同研究機構 分子科学研究所 教授。
真空紫外光，超短パルスレーザー，シンクロトロンン放射光などの光の応用を幅広く研究。最近はファイバーグレーディングの開発。

横田 光広（よこた　みつひろ）　　　　　　　（執筆担当：第1章，第2章，第5章）

宮崎大学 工学部電気電子工学科 助教授　　工学博士

昭和57年　九州大学工学部情報工学科卒。昭和61年　同大大学院博士課程退学，同年同大工学部助手。平成5年より宮崎大学 工学部電気電子工学科 助教授。この間，平成8年より1年間カリフォルニア大学サンタバーバラ校訪問研究員。
主として光導波路解析，電磁波の散乱に関する研究に従事。平成3年　電気学会優秀論文発表賞受賞。IEEE，OSA，電気学会，日本応用数理学会，日本光学会会員。

ファイバー光学の基礎

定価（本体3,100円＋税）

平成15年1月31日　第1版第1刷発行
　　　　　　　　著者　黒澤　宏，横田光広
　　　　　　　　発行　㈱オプトロニクス社

〒162-0814
東京都新宿区新小川町5-5 サンケンビル
TEL　(03)3269-3550
FAX　(03)5229-7253
E-mail editor@optronics.co.jp　（編集）
　　　　booksale@optronics.co.jp　（販売）
URL　http://www.optronics.co.jp/

※万一，落丁・乱丁の際にはお取り替えいたします。
ISBN4-900474-95-9　C3055　¥3100E